宇宙探秘丛书

Taikong Xunmeng

潘文彬　许　亮　郑淑梅　编著

U0177646

SPM 南方出版传媒

广东科技出版社 | 全国优秀出版社

·广 州·

图书在版编目（CIP）数据

太空寻梦 / 潘文彬，许亮，郑淑梅编著．—广州：广东科技出版社，2021.5（2024.6重印）
（宇宙探秘丛书）
ISBN 978-7-5359-7648-2

Ⅰ．太…　Ⅱ．①潘…②许…③郑…　Ⅲ．①空间探索—普及读物　Ⅳ．① V11-49

中国版本图书馆 CIP 数据核字（2021）第 080660 号

太空寻梦
Taikong Xunmeng

出 版 人：朱文清
责任编辑：黄　铸　林记松　严　旻
封面设计：柳国雄
责任校对：陈　静
责任印制：彭海波
出版发行：广东科技出版社
　　　　　（广州市环市东路水荫路 11 号　邮政编码：510075）
销售热线：020-37607413
https://www.gdstp.com.cn
E-mail: gdkjbw@nfcb.com.cn
经　　销：广东新华发行集团股份有限公司
印　　刷：广州市彩源印刷有限公司
　　　　　（广州市黄埔区百合三路8号　邮政编码：510700）
规　　格：787mm×1 092mm　1/16　印张 6　字数 120 千
版　　次：2021 年 5 月第 1 版
　　　　　2024 年 6 月第 3 次印刷
定　　价：48.00 元

前　言

广袤无垠的宇宙，带给人类无尽的遐想。由于科技水平的限制，以前人类一直被地心引力限制在地球表面，太空只是人类梦想与幻想的领域。

但人类有探索未知、不断超越自我的勇气。随着科技水平的不断提高，20世纪50年代，人类第一次突破地心引力的束缚，用火箭将卫星送入太空，从此，人类打开了进入太空之门，得以探寻太空之梦。

接下来，精彩纷呈的太空探索全面展开，多个国家相继发射人造地球卫星，载人太空船陆续升空，多个空间站投入使用，人类在月球上踏出了第一个脚印，探测器在火星上着陆并展开探测，发射了多个探测器并对太阳系中的行星展开了探测，还成功登陆小行星和彗星，人类发射的飞行器正在飞离太阳系。

每一次超越都充满艰辛，但每一项探索成果都鼓舞人心。本书将带领读者重温人类进入太空的历程，简述进入太空的技术，揭示太空探测技术的难点。同时，本书介绍了中国对太空探索所做的努力，让读者看到在实现中华民族伟大复兴背景下，中国的太空探索工作正在全力推进。

青少年是太空探索未来的希望，让青少年熟悉人类太空探索的历史，了解人类太空探索的现状，培养他们探索宇宙的兴趣和不断超越的素质，才可以在中华民族伟大复兴的过程中大有作为。

本书的内容主要按人类太空探索的时间顺序排列，包括：人造地球卫星，载人太空船，空间站，"阿波罗"登月计划，火星探测，登陆小行星，中国探月计划，登陆彗星，飞离太阳系，航天技术的应用。

　　由于编者能力所限，书中可能有错漏或不妥之处，恳请读者提出宝贵的意见。

编著者

2020 年 11 月 11 日

目 录

人造地球卫星

载人太空船

中国探月计划

3

登陆彗星

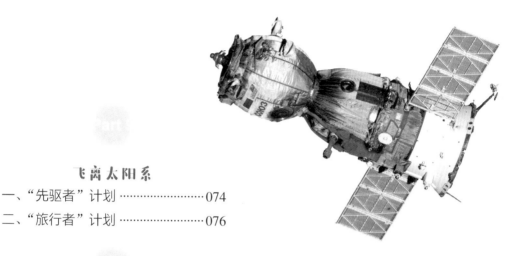

4

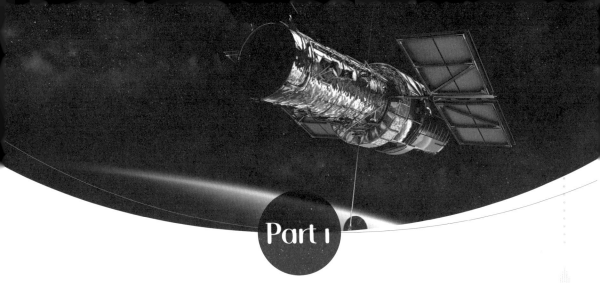

Part 1

人造地球卫星

人造地球卫星（简称卫星）是指环绕地球飞行且在空间轨道飞行一周以上的无人航天器。人造地球卫星是发射数量最多、用途最广、发展最快的航天器。人造地球卫星是由人类设计制造并由运载火箭送上太空的。

001

一、人造地球卫星进入太空

1. 人类太空首秀

1957 年 10 月 4 日，在苏联拜科努尔航天中心，伴随着一声震耳欲聋的巨响，发射塔上的运载火箭离开地面，直冲太空。周围气流翻卷起一片片的烟云。苏联成功发射世界上第一颗人造地球卫星"斯普特尼克-1"号（如图 1-1），由此揭开了人类向太空进军的序幕。

图 1-1 "斯普特尼克-1"号

运载这颗人造地球卫星的多级火箭先到达距地面 900 多千米的高度，然后以约 28 800 千米 / 小时的速度平飞，最后卫星脱离停止燃烧的最后一级火

箭，在距地面约 880 千米的高度进入自己的运行轨道。"斯普特尼克-1"号在近地点为 227 千米、远地点为 945 千米、倾角为 65°的轨道上运行。它环绕地球进行科学考察，环绕地球一周所需的时间是 96.2 分钟。由于地球的自转，这颗人造地球卫星能飞越各大洲以及所有有人居住的区域。"斯普特尼克-1"号的科学任务是测量距地面 200 ～ 500 千米高处的大气密度、温度、压力、磁场、紫外线等数据。

"斯普特尼克-1"号的主体部分是一个直径 58.5 厘米的球体，质量为 83.6 千克。其寿命与原本设定的运行时间（3 个月）相符合。它在太空中共运行了 92 天，绕地球大约 1 400 周，共飞行了 6 000 万千米，较为出色地完成了任务。1958 年 1 月 4 日，"斯普特尼克-1"号陨落。

后来，"斯普特尼克-1"号被命名为"人造地球卫星 1"号，简称"卫星-1"号，以此纪念具有划时代意义的人类第一颗人造地球卫星。今天，在莫斯科列宁山上还安放着"卫星-1"号的复制品。

近地点与远地点

人造地球卫星环绕地球作周期性运动的轨道只有两种：圆形轨道和椭圆形轨道。圆形轨道可以视为椭圆形轨道的一种特例。椭圆形轨道有两个焦点，地球位于其中一个焦点上。通过椭圆的两个焦点画一条直线，与卫星轨道有两个交点，其中距离地球最近的点称为近地点，距离地球最远的点称为远地点（如图 1-2）。近地点、远地点分别是人造地球卫星绕地球运行的椭圆轨道上距地心最近、最远的一点。通常在近地点时，卫星运行的角速度最大；在远地点时，卫星运行的角速度最小。

轨道平面与交角

可以将人造地球卫星的轨道平面（如图 1-2）想象成一个将地球切成两半的巨大而扁平的盘子。这个盘子就叫作轨道平面。交角是另一个轨道参数，指的是轨道平面与地球赤道平面的角度（赤道平面即赤道向外扩展而成的一个平面）。交角可以描述卫星绕地球运行的范围，比如一个卫星的交角是 50°，那么它就在地球北纬 50°到南纬 50°之间运行。

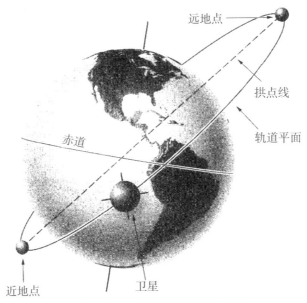

图 1-2　人造地球卫星轨道示意图

003

2. 多国相继发射人造地球卫星

世界上第一颗人造地球卫星的成功发射，激发了世界各国研制和发射人造地球卫星的热情，掀起了一波发射人造地球卫星的浪潮。美国、法国、日本等国家相继发射人造地球卫星。

1958 年 1 月 31 日，凭借着"朱诺一号"运载火箭，美国第一颗人造卫星"探险者 1 号"（如图 1-3）成功发射升空。这颗人造地球卫星质量为 8.22 千克，锥顶为圆柱形，高 203.2 厘米，直径 15.2 厘米。它沿着近地点 360.4 千米、远地点 2 531 千米、倾角 33° 左右的椭圆形轨道绕地球运行，运行周期为 114.8 分钟。

法国于 1965 年 11 月 26 日成功发射了第一颗人造地球卫星"阿泰利克斯"。这颗人造地球卫星的运载火箭为"钻石号 A 型"三级火箭。火箭总长为 18.7 米，直

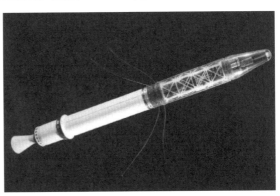

图 1-3　"探险者 1 号"

径为 1.4 米。它的起飞质量约 18 吨，而这颗人造地球卫星质量约 42 千克。"阿泰利克斯"沿着近地点 526.24 千米、远地点 1 808.85 千米、倾角 34° 左右的椭圆形轨道运行，运行周期是 108.61 分钟。

　　日本也于 1970 年 2 月 11 日成功发射了第一颗人造卫星"大隅"号（如图 1-4）。发射"大隅"号的运载火箭为"拉姆达-4S-5"四级固体火箭。火箭全长 16.5 米，直径 0.74 米，起飞质量 9.4 吨。运载火箭的第一级由主发动机和两个助推器组成，推力较大，分别为 37 吨和 26 吨；第二、三、四级推力则分别为 11.8 吨、6.5 吨、1 吨。

图 1-4 "大隅"号

世界各国对人造地球卫星的发射热情日益高涨，人类对太空的探索也迈开了大步。国家之间的交流与竞争给太空探索之旅增添了不少的推动力。

3. 中国入列

在发射人造地球卫星的国家榜单中，中国也占据了一席之地。1970 年 4 月 24 日 21 时 35 分，中国第一颗人造地球卫星"东方红一号"（如图 1-5）装载在"长征一号"运载火箭（如图 1-6）上，于甘肃酒泉卫星发射场发射，由此开创了中国航天史的新纪元。这标志着中国成为继苏联、美国、法国、日本之后世界上第五个独立研发制造并发射人造地球卫星的国家。

图 1-5　"东方红一号"

图 1-6　"长征一号"运载火箭

"东方红一号"攻克了结构系统、热控系统和能源系统、乐音装置及短波遥测系统、跟踪系统、天线系统和科学探测系统等一系列技术难关。

这颗卫星重 173 千克，超过前 4 个国家各自发射的首颗人造地球卫星质量总和大约 29.8 千克。卫星的外形为近似球体的 72 面体，直径约 1 米。它

沿近地点 439 千米、远地点 2 384 千米、倾角 68.44° 的椭圆形轨道运行，运行周期为 114 分钟。它的具体任务是测量卫星本身的工作参数和探测空间环境参数，为中国奠定卫星轨道测量和无线电遥测技术的基础。"东方红一号"在跟踪手段、信号传输形式和星上温控系统等技术领域，都超过了苏联、美国等国家首颗人造地球卫星的水平。

"东方红一号"播放的由黄金编钟演奏的《东方红》乐曲音色宽宏而清远，传遍世界各地。这反映了我国在科学领域的巨大突破。此后，我国的人造地球卫星系列陆续面世，为世界人造地球卫星的研制和发展做出了巨大的贡献。

"东方红一号"虽然已停止工作，但近期人们观察到它仍在轨道上。

二、人造地球卫星与三大宇宙速度

我们都知道，地球对我们有很强的吸引力，人在地面上使劲向上跳，最多也只能腾空约 1 秒而已。然而卫星却可以在几万米的高空畅行无阻，这是为什么呢？卫星的飞行速度又有多快呢？

为了便于理解，我们先引入一个大炮的模型。

当我们以一个较小的发射速度发射炮弹，在地心引力作用下，飞行的炮弹没过多久就会落到地面上（如图 1-7）。如果我们提高炮弹的发射速度，那么炮弹就会落得更远一些。如果我们继续提高炮弹的发射速度，结果又会怎么样呢？

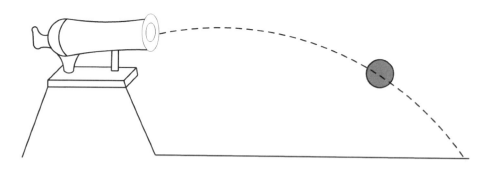

图 1-7　发射的炮弹落到地面

当炮弹的发射速度达到一定大小的时候，炮弹就不会落到地面上了，而是在地球引力的作用下绕着地球运动（如图 1-8）。这个速度是多少呢？牛顿计算出来，约为 7.9 千米 / 秒，这就是第一宇宙速度。换算成时速，就是 28 440 千米 / 小时，按照这个速度，从广州到北京只需要 4 分钟左右。

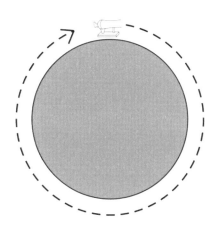

图 1-8　炮弹绕地球飞行

　　由于人造飞行器至少要达到 7.9 千米／秒的发射速度才能进入环绕地球轨道，因而这个速度又被称为最小发射速度。

　　如果我们继续提高炮弹的发射速度，那么炮弹的运行轨迹就会从圆形变成椭圆形。因此第一宇宙速度又被称为环绕速度，超过这个速度，轨道便不再是圆形。继续提高发射速度到 11.2 千米／秒，炮弹就会划出一道抛物线，摆脱地球引力飞离地球，这个速度就是第二宇宙速度，又叫脱离速度（如图 1-9）。达到这个速度的物体就会脱离地球引力，投入太阳的怀抱，变成太阳系中的一颗"人造行星"。

007

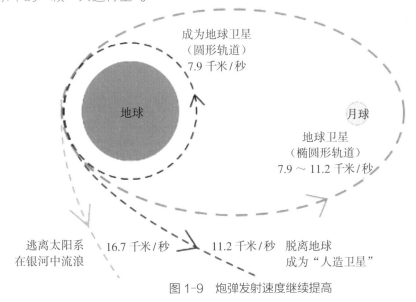

图 1-9　炮弹发射速度继续提高

如果发射速度达到 16.7 千米 / 秒，炮弹就可以脱离太阳的引力，到银河系中去旅行了。因此 16.7 千米 / 秒被称为第三宇宙速度，又叫逃逸速度。

三、人造地球卫星的结构与分类

1. 人造地球卫星的结构

人造地球卫星由两大部分构成：有效载荷和卫星平台。

（1）有效载荷即为了完成卫星特定任务的特有设备。如通信卫星的无线电接收和转发设备，遥感卫星的遥感成像设备等。

（2）卫星平台即保证卫星能够完成特定任务的支持系统。只要功能合适，某一种卫星平台可以搭载多种多样的有效载荷。它又可以分为多个子系统。

结构系统：卫星是以某种金属或复合材料为基本结构制造而成的，所有其他部件都附着在这一基本结构上，航天工程师称这一基本结构为运载舱，也就是结构系统。因此它必须有适当的强度和刚度，有一定的外形和容积。结构系统的材料要求密度小、强度高，以减小质量，同时要有良好的抗辐射和抗腐蚀性能。对于返回式卫星还要求有良好的防热结构，采用耐高温材料。

热控制系统：卫星在轨道上运行，要耐受极大的温差。太阳光的热辐射和地球反射的热辐射，可能使卫星温度达到 100℃以上；而进入地球阴影区没有太阳光辐射时，温度又会低至 −100℃。热控制系统能够保证卫星内部维持适当温度，防止内部设备在运行时由于温度过高或过低而损坏。控制温度的方法有被动式（如在卫星表面涂低辐射比的涂料）和主动式（如电驱动加热器、冷却器）。

姿态控制系统：卫星在飞行过程中不仅要保持稳定，还需要维持一定的姿态，例如通信卫星的天线需要始终对着地球，太空望远镜需要对着目标星体等（如图 1-10）。姿态控制系统对远程通信和数据收集至关重要。

电源系统：电源系统为卫星上的各种电子设备提供电能。除了早期的卫星依赖电池获得它们需要的全部电能，现在大多数卫星同时使用太阳能电池阵和可充电电池。可充电电池在太阳能电池阵见不到太阳的黑暗时段为卫星提供电力。

无线电遥测、遥控和跟踪系统：遥测遥控系统保证卫星与地面之间保持联络，把工作情况和成果报告给地面，并接受地面的各项指令。遥测就是在某一点进行测量，然后把数据传输到远处的地点供评估和使用。卫星发出的遥测数据既包括与任务有关的数据，也包括卫星系统状态的数据。跟踪系统可以帮助地面测量出实际轨道与预定轨道的偏差，进而加以修正。

图 1-10　哈勃望远镜

　　其他系统：在有的卫星上，有实施变轨的动力系统，例如控制返回式卫星离开运行轨道进入返回轨道的火箭。另外，在返回式卫星上还有回收系统，以保证卫星准确、安全地返回预定地区，回收系统主要包括制动火箭、降落伞等。

2. 人造地球卫星的分类

　　人造地球卫星可以根据其轨道高度、质量、飞行方式和用途来分类（如图1-11）。

　　（1）按轨道高度分类。

　　高轨道卫星：卫星运行高度大于 20 000 千米的卫星。地球同步轨道就在这个高度范围内。

　　中轨道卫星：卫星运行高度介于 2 000 ~ 20 000 千米的卫星。大部分导航卫星都在这个高度范围运行。

　　低轨道卫星：卫星运行高度介于 200 ~ 2 000 千米的卫星。中国的资源卫星、高分卫星、环境卫星、海洋卫星和"风云 1 号""风云 3 号"极轨气象卫

星等对地观测卫星一般在高度为 500 ~ 1 000 千米的轨道运行。在这个高度运行的卫星既能获得清晰度较高的地面图片，也有一定的覆盖范围。

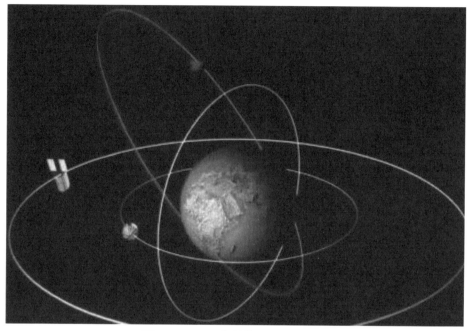

图 1-11　不同轨道的人造地球卫星

知识小卡片

地球同步卫星

　　地球自转一周是 24 小时，如果有卫星刚好在赤道正上方由西向东运动，运转 1 周刚好是 24 小时，这时在地球上的人看来，这颗卫星就是在天空中"静止"不动的。这样的卫星就是地球同步卫星（如图 1-12）。

　　这样的地球同步卫星受到引力和运动速度的制约，必须精确地投送到离地面 35 786 千米的地球同步轨道，才能实现同步，因此看起来是保持"静止"的。正是这种相对静止的特性，使得地球同步轨道成为气象卫星和通信卫星的首选轨道。这样一来，气象卫星可以 24 小时持续对某个地区进行观测，通信卫星也可以稳定地进行信号传输。大多数商用通信卫星、广播电视卫星和辅助定位卫星都在地球同步轨道上运行。

从分类来说，倾角在一定角度范围内、周期为 24 小时的卫星也称为同步卫星，这时卫星不是相对"完全静止"的。

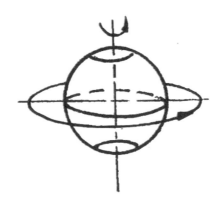

图 1-12　地球同步卫星轨道示意

（2）按卫星质量分类。

大型卫星：质量超过 1 000 千克的卫星。

中型卫星：质量介于 500～1 000 千克的卫星。

小型卫星：质量小于 500 千克的卫星。小型卫星可以造得很小（如图 1-13）。

图 1-13　最小的卫星 Kalamsat 与它的设计者

（3）按飞行方式分类。

顺行轨道卫星和逆行轨道卫星：由于地球是自西向东自转，因此自西向东运行的卫星轨道被称为顺行轨道，反之则为逆行轨道。绝大部分卫星都采用顺行轨道（如图1-14）。

返回式卫星和非返回式卫星：完成任务后全部或部分结构回到地面的卫星就是返回式卫星，反之则为非返回式卫星。

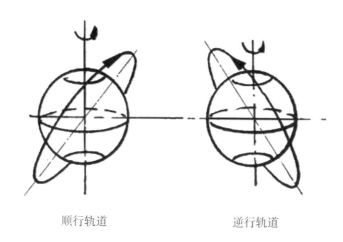

顺行轨道   逆行轨道

图1-14 卫星轨道运行的方向

（4）按用途分类。

科学卫星：科学卫星是用于科学探测和研究的卫星，主要包括空间物理探测卫星和天文卫星，用来研究高层大气、地球辐射带、地球磁层、宇宙射线、太阳辐射等，并可以观察其他星体（如图1-15）。

技术试验卫星：技术试验卫星是进行新技术试验或为应用卫星进行试验的卫星。航天活动中有很多新技术、新材料、新仪器，能否适用，必须在天上进行试验；一种新卫星的性能如何，也只

图1-15 地球观测卫星：ERS-2

有把它发射到天上去实际试验，试验成功后才能推广应用；人上天之前必须先用动物进行试验……这些都是技术试验卫星的使命（如图1-16）。

图 1-16 小狗莱卡是首个进入太空的地球生命体

应用卫星：应用卫星是直接为人类服务的卫星，它的种类最多，数量最大，其中包括通信卫星、气象卫星、侦察卫星、导航卫星、测地卫星、地球资源卫星、截击卫星等（如图 1-17）。

013

图 1-17 美国 GPS 卫星系统其中一颗卫星

多级火箭

卫星和其他航天器都要由火箭送上太空，火箭多数采用多级的形式，用以提高发射效率。如今，火箭技术也越来越成熟。

火箭按使用的燃料类型主要可以分为固体火箭和液体火箭。

固体燃料密度高、存储时间长，对于发动机的技术要求较低，价格昂贵且配方保密，是各国的战备物资。原本常用于航天飞机的固体火箭助推器，现在一般应用在洲际导弹上。美国"发现号"航天飞机使用固体火箭（如图 1-18）。

图 1-18　美国"发现号"航天飞机

液体燃料是现在的主流燃料类型，主要有液氧－液氢（如应用于航天飞机的主发动机）、液氧－煤油（如应用于"长征五号"运载火箭的助推器）以及各国现在重点研发的液氧－甲烷。

　　液体燃料提供的动力更加充足，但是对于发动机的技术要求也最高。而且液体燃料的体积也相对固体燃料大，导致火箭"又重又胖"。

　　运载火箭一般采用多级结构。在多级结构的火箭里，每一级火箭都搭载了发动机和燃料。当第一级（也就是最下面的）火箭的燃料烧完时，第一级火箭就会自动脱落，由第二级火箭继续点火推进。这样一来，每丢弃一级分节，火箭的自身重量就会减少，从而提高了后续燃料的推进效率。

　　此外，多级火箭的另一个优点就是可以组合搭配不同的燃料和发动机，通过优化火箭结构来提高火箭的性能和安全性。例如我国的"长征五号"运载火箭的助推器就是采用 YF-100 液氧煤油发动机，第一级火箭采用 YF-77 液氧液氢发动机，第二级火箭采用 YF-75D 液氧液氢发动机。

　　2016 年 11 月 3 日，"长征五号"运载火箭首飞成功，使我国大型运载火箭技术水平进入世界第一梯队。目前，"长征五号"已经成功将火星探测器"天问一号"和月球探测器"嫦娥五号"送上太空。

015

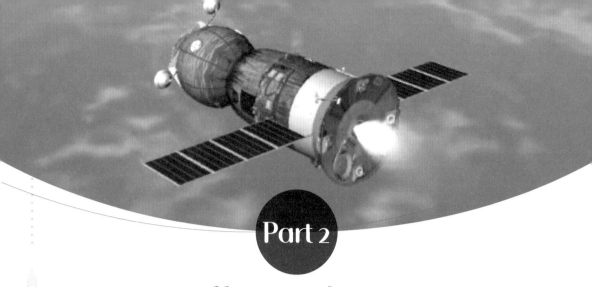

Part 2

载人太空船

一、认识载人太空船

1. 什么是载人太空船

航天器可分为无人航天器和载人航天器（如图 2-1），载人太空船属于载人航天器的一种。载人太空船（又称宇宙飞船，简称飞船）是一种用运载火箭发射到外层空间，在完成航天任务后返回地面的一次性载人航天器。载人太空船不仅可以独立进行航天活动，也可作为往返于地面和空间站之间的"渡船"，还能与空间站或其他航天器对接后进行联合飞行。

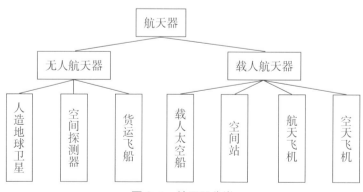

图 2-1 航天器分类

2. 载人太空船的构成

载人太空船一般由返回舱、轨道舱（又称指挥舱）、服务舱、对接舱、应

急舱等组成，在登月载人太空
船上还会有登月舱。

返回舱是飞船的核心部分，
是整个飞船的控制中心，也是
唯一返回地面的舱段。其形状像
一口大钟，"脚重头轻"，有利于
在返回大气层时对抗气流的冲
击，保持稳定，同时利用大气
摩擦力减速。宇航员在升空和返
回时都在返回舱内。

轨道舱是宇航员在轨道上
的工作场所，里面有各种实验
仪器设备。航天任务结束后，轨
道舱与返回舱分离，可以留在
轨道上飞行，继续科学实验。早
期的载人太空船没有设计轨道
舱，如苏联的"东方"系列载人
太空船，美国的"水星"系列载
人太空船（如图 2-2）、"双子座"
系列载人太空船。

图 2-2　美国"水星"系列载人太空船

服务舱通常安装推进系统（因此也称为推进舱）、电源、气源等设备，对
载人太空船起服务保障作用。

对接舱是用来与空间站或其他航天器对接的舱段。后来的设计中一般不
会单独设立对接舱，而是在载人太空船的前端（即轨道舱前）设置对接装置。

应急舱（或称逃逸舱、逃逸塔）保障宇航员在发生紧急情况时，能安全返
回地面或转移到其他航天器上。一般在发射成功后，应急舱就会脱离，不会
进入太空。

登月舱是为在月球附近或月球上操作而特制的两级太空飞行器，它的任
务就是把宇航员从环月球轨道送到月球表面，然后在返回时将上下级分离，
点燃上级的火箭发动机从月球表面升空，并与绕月飞行的指挥服务舱交会对
接，让宇航员返回。这种舱为"阿波罗"系列飞船所特有。

中国"神舟"宇宙飞船示意图和苏联"联盟号"宇宙飞船示意图如图 2-3
和图 2-4 所示。

017

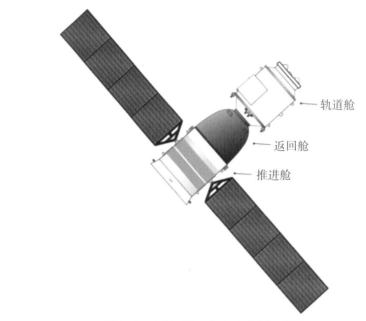

轨道舱

返回舱

推进舱

图2-3 中国"神舟"宇宙飞船示意图

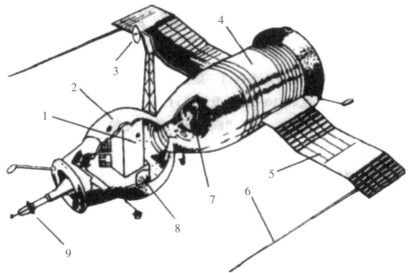

1—仪器舱；2—轨道舱；3—回合雷达；4—服务舱；5—太阳能电池翼；6—通用天线；
7—返回舱；8—出口舱门；9—对接装置。

图2-4 苏联"联盟号"宇宙飞船示意图

二、进入太空的杰出人物

1. 进入太空第一人：加加林

　　"地球是人类的摇篮，但是人类不会永远生活在摇篮里。"正如"航天之父"康斯坦丁·齐奥尔科夫斯基所言，在1957年第一颗人造地球卫星发射成功后不到4年，即1961年4月12日，世界上第一位宇航员尤里·加加林（如图2-5）乘坐"东方1号"宇宙飞船进入轨道，环绕地球飞行一周后返回地面，开创了载人航天新纪元。

图2-5　尤里·加加林

　　1934年3月9日，加加林生于苏联一个集体农庄庄员家庭。17岁时，加加林成为一位冶金工人，并继续在萨拉托夫工业技术学校学习，其间加入了萨拉托夫航空俱乐部，在业余时间学习飞行。1955年加加林以优异成绩从萨拉托夫工业技术学校毕业后被征入航空学校，后来又被推荐至奥尼堡第一契卡洛夫空军飞行员学校，正式入伍。

　　1959年，苏联首位宇航员的选拔工作在全国展开。加加林从3 400多名35岁以下的空军飞行员中脱颖而出，并于1960年3月被送往莫斯科，开始在苏联宇航员训练中心接受培训。由于在训练过程中表现出色，加加林成为第一个入选"东方计划"精英训练组的宇航员，并最终成为"东方1号"宇宙飞船的第一顺位宇航员。

　　1961年4月12日上午，"东方1号"发射前数分钟，加加林记录下这样的语句："亲爱的我所认识的和不认识的朋友们，我亲爱的同胞和全世界人民！在几分钟内，一支强大的苏联火箭将把我的飞船送入广阔的外层空间。这是我想要告诉你们的。我未来的整个生命对于我而言正如一个惊险的时刻。我认为我可以集中我的力量以完成我被期望的任务。"

9时7分，加加林乘坐"东方1号"宇宙飞船从拜科努尔航天发射场升空，在远地点301千米的轨道上绕地球一周，历时1小时48分，于上午10时55分安全返回，着陆于萨拉托夫州的一个农村，来接加加林的军官告诉他，在起飞时他已被提升为少校。

1968年3月27日，加加林在查卡洛夫斯基驾驶米格-15战机例行飞行训练时不幸坠机身亡，年仅34岁。加加林死后，其骨灰被安葬在克里姆林宫墙壁龛里，他训练所在的宇航员训练中心也以他的名字命名。为纪念加加林首次进入太空的壮举，俄罗斯把每年的4月12日定为宇航节，在这一天举行隆重的纪念活动，缅怀这位英雄人物。

2．第一位女宇航员：捷列什科娃

加加林飞上太空后，雅罗斯拉夫尔州的瓦莲京娜·捷列什科娃同众多苏联少女一样，将加加林视为自己的偶像，梦想着像加加林那样遨游太空。她和航空俱乐部的女友们联名给苏联领导人写了一封信，呼吁派一名女性宇航员进入太空。没过多久，这位少女同信上署名的姑娘们都应邀前往莫斯科，与来自全国各地的女性一起参加选拔，最终瓦莲京娜·捷列什科娃（如图2-6）成为第一位女性宇航员。

图2-6　瓦莲京娜·捷列什科娃

瓦莲京娜·捷列什科娃于 1937 年生于雅罗斯拉夫尔的一个工人家庭，在入选宇航员之前曾是当地业余航空俱乐部的一名跳伞员，在当地总计完成了 90 次跳伞。捷列什科娃以优异成绩完成训练后，被选为"东方 6 号"宇宙飞船任务第一顺位宇航员。

1963 年 6 月 16 日，也就是加加林首次飞上太空两年后，捷列什科娃乘坐"东方 6 号"宇宙飞船升空，成为第一位进入太空的女性，也是迄今为止人类唯一一位独立驾驶飞船完成太空飞行的女性。捷列什科娃的太空飞行总计 70 小时 50 分钟，比此前所有美国宇航员的太空飞行时间总和还要长。在 48 周的绕地球飞行中，捷列什科娃驾驶的"东方 6 号"宇宙飞船与瓦列里·贝科夫斯基驾驶的"东方 5 号"宇宙飞船执行了空间编队交会、无线电通联等任务，最后安全返回地球。她后来回忆道："飞船的速度是每小时 2.8 万千米，我用 86 分钟就绕地球一周。在地球上难以想象我们的星球是那么美丽壮观，它呈现出不同的颜色和光泽。它给我的印象太深刻了，至今我在梦中还常常浮现出它那动人的画面。"

航天飞行后，捷列什科娃很快回到原来的生活，并在航天事业和社会事业中继续发光发热，她担任过国际民主妇女联合会副主席，获得劳动红旗勋章等多个勋章，还成为世界上许多城市的荣誉市民。

在我国首位宇航员杨利伟乘坐"神舟五号"飞船遨游太空后，她来中国参观了中国宇航员科研训练中心，肯定了中国在航天科技领域的成就，在得知中国计划选拔女宇航员后鼓励道："我知道中国有'妇女能顶半边天'的说法。我相信，在不久的将来，太空将迎来美丽的中国姑娘！"

3. 阿姆斯特朗：个人一小步，人类一大步

尼尔·阿姆斯特朗于 1930 年出生于美国俄亥俄州，其父亲是州政府的公务员。朝鲜战争中阿姆斯特朗应征入伍，成为美国海军的一名战斗机飞行员。退役后在普渡大学继续学业，其间获得南加州大学的航空工程学硕士学位。1955 年大学毕业后，阿姆斯特朗加入了美国国家航空咨询委员会（NACA）[美国国家航空航天局（NASA）的前身]。他作为 NACA 的研究员、工程师和试飞员，驾驶过 200 多架飞机，包括喷气式飞机和火箭动力飞机等。

1962 年，阿姆斯特朗被选为宇航员并入选"双子座计划"。他作为"双子座 8 号"飞船的指令飞行员与大卫·斯科特搭档实施飞船与目标飞行器手动交会对接，成功实现了人类航天史上第一次轨道对接。

1968 年，阿姆斯特朗被安排为"阿波罗 11 号"飞船的指令长，次年与两位宇航员执行登月飞行任务，成功登上月球（如图 2-7）。

图 2-7 "阿波罗 11 号"的 3 位宇航员（左起）尼尔·阿姆斯特朗、迈克尔·科林斯、
巴兹·奥尔德林

　　"休斯敦，这里是静海基地，'鹰'着陆成功"，这是阿姆斯特朗与奥尔德林在月球上着陆成功后对世界说的第一句话。经过休整，登月舱被减压，舱门打开，阿姆斯特朗缓慢地走下了登月舱。1969 年 7 月 21 日 2 时 56 分，阿姆斯特朗的左脚踏上了月球，对着镜头向地球同胞们说道："对于一个人来说这是一小步，对于人类来说这是巨大的一步。"

　　随后，他和奥尔德林花了大约两个小时的时间探索，收集了超过 50 磅（约 22.7 千克）的月球岩石，进行了 3 次科学实验，并在月球上留下了一块激光反射镜，科学家借此精确测量地月距离。

　　在执行了超过 8 天的任务后，3 位英雄终于回到了地面，降落在太平洋的"大黄蜂号"航空母舰附近海面，时任美国总统尼克松在航空母舰的甲板上欢迎他们（如图 2-8）。

图 2-8　3 名宇航员在隔离舱内与尼克松总统交谈

2012 年 8 月 25 日，82 岁的阿姆斯特朗因心脏搭桥手术的术后并发症去世，时任美国总统奥巴马下令全国于 8 月 31 日降半旗默哀。"尼尔·阿姆斯特朗不仅是他那个时代的英雄，而且是有史以来的英雄，"奥巴马通过推特说道，"谢谢你，尼尔，向我们展示了一小步的力量。"

4. 中国"神舟"英雄：杨利伟

1965 年，杨利伟于我国辽宁省葫芦岛市出生，13 岁时考入县第一初中，16 岁时考入县第二高中。据学校老师回忆，杨利伟的成绩一般，但是理科非常优异，且身体素质很好，擅长多种运动。

　　1983 年杨利伟通过高考考进空军第二飞行基础学校，次年进入空军第八飞行学校，毕业后成为空军的一名战斗机飞行员，驾驶过"强五"和"歼六"等战机。到 1998 年通过选拔成为中国首批宇航员时，杨利伟已经有了 1 350 小时的飞行经历。

　　经过 5 年多的训练，杨利伟完成了基础理论、航天环境适应性、专业技术等 8 大类几十个科目的训练任务，以优异的成绩通过宇航员专业技术综合考核。2003 年 7 月，杨利伟经载人航天工程宇航员选评委员会评定，具备了独立执行航天飞行的能力，被授予三级宇航员资格。

　　2003 年 10 月 15 日，北京时间上午 9 时，杨利伟乘由"长征二号"F 火箭运载的"神舟五号"飞船进入太空，成为中国首位宇航员（如图 2-9、图 2-10）。环绕地球轨道 14 周，航行了超过 60 万千米后，"神舟五号"飞船返回舱于北京时间 2003 年 10 月 16 日 6 时 30 分在内蒙古四子王旗着陆场成功着陆。

图 2-9　杨利伟写在"神舟五号"飞行手册上的话

图 2-10　杨利伟在太空中展示了五星红旗和联合国旗

杨利伟在自传《天地九重》中回忆奇妙的太空景色："我曾遥望我们的首都北京，白天它是燕山山脉边的一片灰白色，分辨不清，夜晚则呈现一片红晕，那里有我的战友和亲人。我看到中国东部优美的海岸线、长白山脉，那里是辽宁，我的家乡；我看到甘肃、新疆，披着积雪的昆仑山脉和大片沙漠，我曾在那里驾机飞行，也从那里乘火箭升空；我看到了曲折的黄河横穿陕西、山西、山东数省；我看到了西藏和青藏高原，我看到了四川、安徽、江苏、上海，蜿蜒的长江奔向大海；我看到了东南方向的台湾岛，看上去它与大陆几乎没有间隔；我看到了宽广的内蒙古一片平阔，而我将在那里降落……"

书中还描述了他在发射和返回过程中遇到的险情。当火箭飞行到 30~40 千米高度时，产生了远超理论值 6g 的过载，同时伴有令人难以忍受的剧烈震动，"我还以为自己要牺牲了"杨利伟回忆道；而在返回时，返回舱与大气层剧烈摩擦产生了高达 1 600℃的高温，外层舷窗被烧裂了，这让杨利伟不禁想起美国"哥伦比亚号"航天飞机的事故。幸好烧裂的只是外层隔热的材料，而且飞船很快就过了摩擦最剧烈的高度。

"神舟五号"载人航天飞行任务结束后，杨利伟继续为国家的航天事业做贡献，与专家们一起攻克了许多航天难题，还参与了中国第二批宇航员的选拔培训，与他们分享自己的经验心得。

杨利伟承载着中华民族飞天的梦想，他象征着中国人走向太空的成功。作为中华飞天第一人，作为中国航天人的杰出代表，他的名字注定要被历史铭记。成就这光彩人生的，是他训练中的坚韧执着，飞天时的从容镇定，成功后的理智平和。而这也是几代中国航天人的精神，这种精神开启了中国人的太空时代，还将成就中华民族更多更美好的梦想。

⟶ 知识小卡片

为什么宇航员总是从飞行员中选拔？

第一位宇航员加加林是米格 -15 战斗机飞行员，登月的阿姆斯特朗是超音速飞机的试飞员兼工程师（如图 2-11），包括杨利伟在内我国两批宇航员都是空军飞行员出身，宇航员一定要从飞行员中选拔吗？

其实并非如此，只是因为在所有职业中，空军飞行员的工作环境和素质最接近载人航天活动的要求。因为高性能喷气式战斗机的飞行速度非常快，操作复杂，很容易出现危及生命的险情，所以对人的协调性和反应能力要求很高。而且载人太空船在加速上升和减速着陆时会带来

±10g 的过载，而战斗机的超音速飞行、高空飞行和各种高难度的经历锻炼了飞行员对过载的耐受力。因此，各国在选拔宇航员的初期和中期，大多是从掌握高性能飞机飞行技术的优秀驾驶员中挑选。

图 2-11　阿姆斯特朗与他试飞的超音速战机

随着载人航天事业的发展，任务不断扩展，宇航员之间有了分工，出现了航天驾驶员与载荷专家的分化（载荷专家即到太空进行各项科学实验的科学家和工程师，甚至是医生和心理学家，他们的选拔和训练相对宇航员要容易一些）。国际空间站已经接待过许多载荷专家，而我国也将面向科研机构选拔第三批宇航员。

三、载人太空船的返航

当宇航员完成了在太空的工作任务，他们就要乘着载人太空船返回地面了。载人太空船是如何保证宇航员从几万米的高空返航而平安无事呢？

返航的第一步就是脱轨点火（如图 2-12），也就是飞船的推进舱点火，给一个与前进方向相反的动力，从而脱离运行轨道，进入减速轨道。这个力的大小必须经过周密计算，力度过小或过大，都会导致飞船偏离既定的降落地点，并且"失之毫厘，谬以

图 2-12　"联盟号"脱轨点火

千里"，如果降落到城市，可能危及无辜市民的人身和财产安全；如果降落到荒山野岭，救援队可能会难以进入搜救宇航员。

经过脱轨点火，载人太空船的速度降至 120 米 / 秒。大约 25 分钟后，载人太空船各舱段会分离（如图 2-13），轨道舱和推进舱脱离返回舱，随后坠入大气层，在与空气的剧烈摩擦产生的高温中焚烧殆尽。

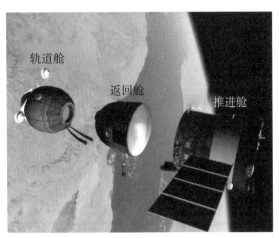

图 2-13　三舱分离示意图

为了保护宇航员，防止返回舱同其他两个舱体一样被焚毁，返回舱上涂有一种瞬间耐高温材料，一般是高分子材料，在高温加热时，表面部分材料会熔化、蒸发、升华或分解汽化，在这些过程中吸收一定的热量，这种现象叫烧蚀。烧蚀防热是有意识地让表面部分材料烧掉，将热量带走，从而达到保存主要结构的目的。

接着是整个返航过程中最危险、最紧张的时刻——再入大气层。随着返回舱与空气的剧烈摩擦，返回舱表面达到很高的温度时，气体和被烧蚀的防热材料均发生电离，形成一个等离子区。由于等离子体能吸收和反射电波，对返回舱内部形成了电磁屏蔽。这样一来，地面与返回舱之间的无线电通信便中断了，这被称为"黑障"。因此在这一阶段，地面不能通过任何遥控方式对返回舱进行控制，所有的操控都必须由宇航员自己独立完成。由于高空、高温、高速、高重力加速度和无法通信，这一阶段是返回大气层的关键阶段，也是事故易发阶段（如图 2-14）。

图 2-14　再入大气层阶段，返回舱被等离子体包裹，形成"黑障"

在距地面 40 千米左右高度时，返回舱就已基本脱离"黑障区"。到距地面 10 千米左右的高空时，返回舱的速度已降到 330 米 / 秒以下，相当于"音速"。为了进一步减速，返回舱的控制系统会自动打开减速伞（如图 2-15）。

图 2-15　减速伞打开

此时返回舱速度大约为 180 米 / 秒，宇航员将受到开伞带来的巨大冲击力。通过减速伞的作用，返回舱的速度下降到 80 米 / 秒左右。减速伞工作 16 秒钟后，与返回舱分离，同时拉出面积约 1 000 平方米的主伞。这时返回舱的下降速度逐渐由 80 米 / 秒减到 40 米 / 秒，然后再减至 8~10 米 / 秒。

然而，返回舱即使以 8 米 / 秒的速度着陆，撞击产生的冲击力也可能将宇航员的脊柱震断。这时，在返回舱即将着陆的一瞬间——返回舱距离地面大约 1 米时，安装在返回舱底部的 4 台反推火箭点火工作，使返回舱速度一下子降到 5 米 / 秒以内（如图 2-16）。与此同时，具有缓冲功能的宇航员座椅在着陆前开始自动提升，从而使冲击的能量被缓冲吸收。为了最大限度地吸收冲击的能量，宇航员座椅上还铺设了一套根据宇航员身材量体定制的缓冲垫。

图 2-16　返程的最后时刻：反推火箭逆喷射着陆

　　返回舱着陆后，早就在一旁等待的救援人员将打开舱门，架设出舱平台，在平台上协助宇航员出舱（如图 2-17）。

　　早期的宇宙飞船返回舱因为在陆地准点降落有一定困难，也会选择在海上降落（如图 2-18）。

图 2-17　"联盟号" TMA-10M 着陆，救援人员架设出舱平台

图 2-18　早期的宇宙飞船返回舱通常在海上降落

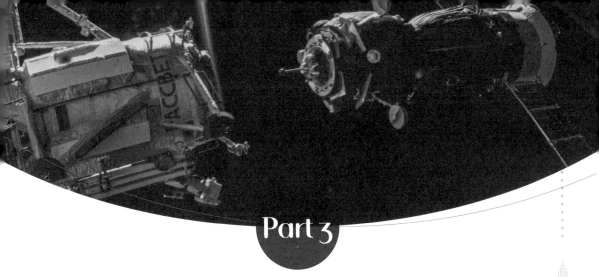

Part 3

空间站

　　空间站又称太空站、航天站。它是沿近地轨道长时间运行，可供多名宇航员巡访、长期工作和生活的大型载人航天器。相比于载人太空船，空间站的特点是体积比较大、结构复杂，在轨道飞行时间较长，有多种功能，能开展的太空科研项目也多而广。空间站不具备返回地球的能力，所以我们说它是一艘不返航的"航空母舰"。

一、苏联典型性的空间站

1. 世界上第一个空间站："礼炮 1 号"

　　1971 年 4 月 19 日，"礼炮 1 号"空间站发射升空。它是苏联首个太空站，也是人类历史上首个太空站（如图 3-1）。由此，航天活动从规模较小、在轨道飞行时间较短的载人太空船阶段进入规模较大、在轨道飞行时间较长的阶段，是人类

图 3-1 "礼炮 1 号"空间站

探索太空历程的重大跨越。

"礼炮1号"空间站属于试验性空间站。试验性空间站是指通过运载火箭能一次进入轨道运行的空间站。由于无法补给重要的物资、设备等，"礼炮1号"不能长期载人。

"礼炮1号"长20米，最大直径4.15米，在轨时的净重量18.425吨。它由对接过渡舱、工作生活舱和设备舱3个基本部分构成。对接过渡舱位于空间站前段。对接过渡舱外形较细，拥有对接口，而且对接口仅有一个，故只能对接一艘载人太空船。空间站的中间部分就是工作生活舱，该舱体积最大、作用最突出，是大量设备的存放地，也是宇航员生活、工作的舱段。最后的部分就是空间站的设备舱，它直径约2米，装备了引擎和其他关联的控制装置。

1971年4月23日，苏联发射的"联盟10号"宇宙飞船与"礼炮1号"空间站成功对接。由于机械故障，虽然两者对接了5.5小时，但是宇航员依然无法进入"礼炮1号"空间站。之后，苏联继续发射"联盟11号"宇宙飞船。经过变轨飞行后，"联盟11号"于1971年6月7日与"礼炮1号"成功对接。3名宇航员成功进入空间站并进行工作，取得了不错的研究成果。然而在6月29日，3名宇航员乘坐飞船与空间站分离后因为飞船的返回舱发生漏气，舱内减压，致使宇航员因缺氧而窒息遇难。

这是苏联载人航天活动中最为悲惨的一次灾难。此后，"礼炮1号"空间站再无人进入，并于1971年10月11日在太平洋上空烧毁。它给人类带来的经验教训和太空研究成果都是巨大的，是人类实现太空梦的重要一步。

后来陆续升空的"礼炮"系列空间站不断改进，发展成第二代空间站。

2. 功劳卓著的空间站："和平号"

在前两代空间站的基础之上，苏联又研发了第三代空间站："和平号"空间站（如图3-2）。"和平号"空间站是在近地轨道经过数年建造而成的空间站，是人类首个可长期居住的空间研究中心。

"和平号"空间站全长32.9米，核心舱长大约13米，最大直径4.15米，重约136吨。和"礼炮1号"空间站一样，它也是由对接过渡舱、工作生活舱和设备舱三个舱段组成。但舱内的设备与布局相比于"礼炮1号"空间站变化较大。通过对内外部结构、各类系统和环境的改进，"和平号"空间站的性能大大提升。

图 3-2 "和平号"空间站

"和平号"空间站在轨道上运行时也可与多种航天器对接。根据对接的任务，可以将航天器分为载人太空船、货运飞船和试验功能舱三大类。与"和平号"空间站对接的载人太空船主要是联盟系列飞船第三代"联盟 TM"系列。该系列飞船先后将多名宇航员送入了空间站。而"进步号"货运飞船则通过对接，向空间站运送了物资、燃料和设备等。试验功能舱有"量子号"和"晶体号"两种新型飞行器。"量子 1 号"试验功能舱用于运送人员和试验仪器；"量子 2 号"试验功能舱为空间站扩大了活动空间，同时作为宇航员出舱活动的出入口。"晶体号"则主要进行各种太空试验。

"和平号"空间站中的宇航员需克服长期失重、宇宙辐射等多种困难，要进行长期的太空飞行。"和平号"空间站的科研成果极为丰富。空间站内宇航员通过培育各种植物，研究了太空失重环境对植物生长的影响；通过观察多种动物，研究宇宙航行对生命胚胎发育的影响；通过大量医学试验，研究监测人在失重环境的身体状况以及应对方法。宇航员也提炼出了高纯度的铝铁等合金，研制了医用的激素、抗生素，拍摄了恒星、行星的图片，还进行了外层空间生物学试验，试图揭示生命起源等。

在运行的 15 年里，先后有 28 个长期考察组和 16 个短期考察组在"和平

号"空间站进行考察研究，共有 12 个国家的 135 名宇航员在空间站上工作，共完成了 23 项国际科学考察计划。"和平号"空间站为人类的太空探索立下了汗马功劳，为今后进一步太空寻梦奠定了良好的基础。随着"和平号"的逐渐老化，每年昂贵的维修费用给俄罗斯（苏联解体后空间站的继承者）带来巨大的财政压力。最终，俄罗斯不得不挥泪放弃这座"人造天宫"。2001 年 3 月 23 日北京时间 13 时 59 分，"和平号"空间站按计划坠入南太平洋预定海域。

二、独树一帜的国际空间站

国际空间站是以美国、俄罗斯为首，包括日本、加拿大和 11 个欧洲航天局成员国共 16 个国家联合建造的迄今为止世界上最大的载人空间站（如图 3-3）。该空间站于 1998 年正式建站，经过十多年的建设，于 2010 年完成建造任务并转入全面使用阶段。

国际空间站的设计寿命为 10~15 年，总质量达 420 吨，长 110 米，宽 88 米，在倾角为 51.64°、高度为 397 千米的轨道上运行，可乘载人数为 6~7 人。其主要结构包括基础桁架、居住舱、服务舱、功能货舱、实验舱、节点舱、能源系统和太阳能电池帆板、移动服务系统这 8 大部分。

图 3-3　国际空间站

前往国际空间站的航天运输工具有俄罗斯"联盟号"载人太空船、"进步号"货运飞船、日本 HTV 货运飞船、美国航天飞机以及欧洲 ATV 货运飞船。俄罗斯"联盟号"载人太空船负责运输宇航员和货物往返国际空间站。俄罗斯"进步号"货运飞船、日本 HTV 货运飞船、欧洲 ATV 货运飞船则向国际空间站运送货物、水和天然气。而美国航天飞机帮助建造国际空间站,运送了大部分国际空间站舱段和主要部件,航天飞机是一种能够重复使用的航天运输工具。

凭借以上多种运输方式,国际空间站拥有充足的物资、设备等,为国际空间站内宇航员的科学研究提供了保障。国际空间站的科学实验项目涵盖物理科学、生物学与生物技术、技术开发与验证、人体研究、地球与空间科学以及教育活动与推广 6 大研究领域。

国际空间站作为一个拥有现代化科研设备,可开展大规模、多学科基础和应用科学研究的空间实验室,为人类提供了一个长期在太空轨道上进行对地观测和天文观测的场所。

035

三、飞船与空间站的对接

国际空间站属于低轨道航天器,围绕地球沿椭圆形轨道飞行。距离地表大约 400 千米,近地点高度 401 千米,远地点高度 408 千米。轨道速度是 7.67 千米 / 秒,即 27 600 千米 / 小时,相当于中国高铁时速的 92 倍。国际空间站每隔 92.65 分钟就会绕行地球一周,每天绕行 15.54 周。

那么载人太空船或者货运飞船要怎样才能与高速运行的空间站对接呢?接下来我们就来谈谈飞船的变轨飞行。

首先我们可以将空间站的轨道近似视为圆形轨道,然后让宇宙飞船以第一宇宙速度(7.9 千米 / 秒)从地面发射,进入与空间站轨道平面重合的环绕轨道(如图 3-4)。但此时飞船的轨道高度比空间站要低,然后飞

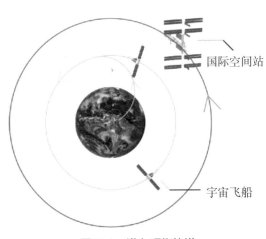

国际空间站

宇宙飞船

图 3-4　进入环绕轨道

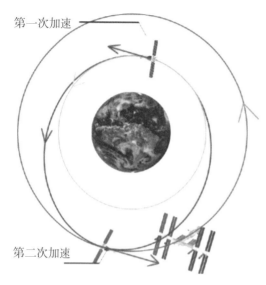

第一次加速

第二次加速

图 3-5　变轨至更高的轨道

船以加速变轨的方式到达空间站的轨道高度，让两者完成对接。

进入轨道后，我们让飞船瞬间加速，飞船的飞行轨道就会从圆形轨道变成椭圆形轨道（如图 3-5）。第一次加速的地点为椭圆形轨道的近地点，待飞船飞到远地点时，轨道高度最高。此时飞船进行第二次加速，轨道就会从椭圆形变回圆形，而且轨道高度也调整到和空间站一致。这种调整轨道的方式就叫霍曼转移。结合角度的微调，飞船就可以顺利跟空间站对接了。

实际的对接方式更加复杂。因为轨道是椭圆形的，而且飞船跟空间站之间存在角度差，飞船在提高轨道高度的过程中要多次加速、减速，调整角度和姿态。加上两者运行速度都很快，对接过程中稍有误差就会导致冲撞，不仅空间站会损坏，空间站内和飞船内的人员都会有生命危险。因此，对接过程要求的精度非常高。飞船与空间站的对接被称为"太空中的芭蕾舞"（如图 3-6、图 3-7）。

图 3-6　"联盟号"MS-12 与国际空间站对接

图 3-7 "亚特兰蒂斯号"航天飞机与"和平号"空间站对接

四、"天宫"系列与未来的中国空间站

　　中国载人航天的发展按"三步走"战略实施：第一步，发射载人太空船，建成初步配套的试验性载人太空船工程，开展空间应用实验。第二步，在第一艘载人太空船发射成功后，突破载人太空船和空间飞行器的交会对接技术，并利用载人太空船技术改装、发射一个空间实验室，解决有一定规模的、短期有人照料的空间应用问题。第三步，建造空间站，解决有较大规模的、长期有人照料的空间应用问题。而"天宫"系列属于中国载人航天"三步走"发展战略中的第二步，为空间站建设运营和载人航天成果应用推广积累了宝贵的经验。"天宫"系列包括"天宫一号"目标飞行器和"天宫二号"空间实验室。

　　"天宫一号"目标飞行器于 2011 年 9 月 29 日 21 时 16 分 03 秒从酒泉卫星发射中心成功发射，是中国首个自主研制的载人空间试验平台。其实验室

长 10.4 米、最大直径 3.35 米、质量约 8.5 吨，采用两舱结构，分别是实验舱和资源舱（如图 3-8）。其设计在轨寿命两年，实际在轨四年半。"天宫一号"目标飞行器先后与"神舟八号""神舟九号"和"神舟十号"飞船圆满完成 6 次自动和宇航员手控空间交会对接，完成了一系列技术试验验证，开展了对地遥感应用、空间物理与环境探测和空间材料实验，获取了大量有价值的数据信息和应用成果。"天宫一号"目标飞行器成功验证了自动及手动控制交会对接技术，使我国成为世界上第三个独立掌握交会对接技术的国家。

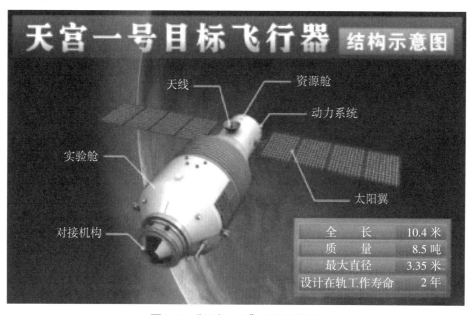

图 3-8 "天宫一号"目标飞行器

"天宫一号"目标飞行器还是我国第一个"太空教室"，2016 年 3 月 16 日，在"神舟十号"飞行任务期间，宇航员王亚平在聂海胜、张晓光的配合下，为全国 6 000 多万中小学生进行太空授课，引起了强烈的社会反响（如图 3-9）。

2016 年 3 月 16 日，已在轨工作 1630 天的"天宫一号"目标飞行器，超期服役两年半时间，全面完成了历史使命。2018 年 4 月 2 日 8 时 15 分左右，经北京航天飞行控制中心和有关机构监测分析，"天宫一号"目标飞行器已再入大气层，落入南太平洋中部区域，绝大部分器件在再入大气层过程中被烧毁。

图 3-9　宇航员王亚平在太空授课

039

　　"天宫二号"空间实验室于 2016 年 9 月 15 日 22 时 04 分 12 秒从酒泉卫星发射中心成功发射，是继"天宫一号"目标飞行器后中国自主研发的第二个空间实验室，是我国第一个真正意义上的空间实验室，用于进一步验证空间交会对接技术及进行一系列空间试验。"天宫二号"空间实验室主要开展地球观测和空间地球系统科学、空间应用新技术、空间技术和航天医学等领域的应用和试验。2017 年，"天舟一号"货运飞船与"天宫二号"空间实验室成功对接（如图 3-10）。2019 年 7 月 19 日 21 时 06 分，"天宫二号"空间实验室受控离轨并再入大气层，少量残骸落入南太平洋预定安全海域，这标志着中国载人航天工程空间实验室阶段全部任务圆满完成。

图 3-10　"天舟一号"与"天宫二号"对接

　　中国航天科技集团有限公司第五研究院院长张洪太说："从 1992 年启动载人航天工程以来，我们锁定建造中国人自己的空间站这个终极目标，按照'三步走'的策略稳扎稳打，形成了以'神舟'飞船、目标飞行器、空间实验室、货运飞船为支撑的多类航天器系统，为正式启动空间站建设打下了坚实基础。"

　　中国空间站，是一个在轨组装成的具有中国特色的空间实验室系统。中国空间站的建造计划预计于 2022 年前后完成。2019 年 06 月 12 日，中国载人航天工程办公室和联合国外空司在维也纳联合宣布，共有来自 17 个国家、23 个实体的 9 个项目脱颖而出，成为中国空间站科学实验首批入选项目。

　　建设中的中国空间站设计的轨道高度为 400~450 千米、轨道倾角 42~43 度，设计寿命为 10 年，可长期驻留人数为 3 人，总重量达 90 吨，可以进行较大规模的空间实验。建设中的中国空间站基本构型由核心舱、实验舱Ⅰ和实验舱Ⅱ 3 个舱段组成。空间站核心舱长 16.6 米、最大直径 4.2 米，分为节点舱、生活控制舱和资源舱，是宇航员的主要活动场所，也是空间站的管理控制中心。中国空间站核心舱拥有 5 个对接口，可以对接一艘货运飞船、两艘载人太空船和两个实验舱，另有一个供宇航员出舱活动的出舱口。两个实验舱全长均为 14.4 米，最大直径均约 4.2 米，可提供长期在轨驻留的空间应用和进行新技术试验，并对核心舱平台功能予以备份和增强。

　　2021 年 4 月 29 日 11 时，新一代运载火箭"长征五号 B"将中国迄今最大的航天器"天和号"核心舱送入预定轨道，标志着中国空间站时代即将开启。

　　中国空间站不仅属于中国，也属于全世界。建成中国空间站也将为人类经济社会发展做出更多的"中国贡献"、提供更优的"中国方案"。探索浩瀚宇宙，建设航天强国，中国一直在努力！

Part 4

"阿波罗"登月计划

一、计划概述

在古希腊神话中，阿波罗是掌管诗歌、音乐和庇护航海安全的太阳神，而月亮女神阿尔忒弥斯是他的孪生妹妹，因此 NASA 将登月计划命名为"阿波罗"登月计划，希望登月行动像"兄妹相逢"般顺利。

随着 1961 年苏联的宇航员加加林进入太空，美苏之间的太空竞赛进入白热化阶段，在随后的几年时间里，苏联更是在各个方面全面领先，创造了多项人类第一。这一切深深刺激了美国。在把艾伦·谢泼德送上太空后，时任美国总统肯尼迪批准了 NASA 的"阿波罗"登月计划，提出在 1970 年前将美国人送上月球，"把苏联人摔倒在月球上"，一雪前耻（如图 4-1）。

图 4-1　在国会上发言的美国总统肯尼迪

"阿波罗"登月计划从 1961 年 5 月开始实施，到 1972 年 12 月结束，前后历时 11 年，耗资高达 255 亿美元（1973 年价格算法，等同于如今的 2 000 多亿美元）。目前，美国海军的主力是 10 艘尼米兹核动力航空母舰，每艘的造价约合 85 亿美元。"阿波罗"登月计划的费用可以建造 23 艘尼米兹核动力航空母舰，基本可以将美国海军航母编队再造一次。可见美国对"阿波罗"登月计划的重视。

"阿波罗"登月计划实现了载人登月飞行和人类在月球的实地考察，为载人行星飞行和探测进行技术准备，它是世界航天史上具有划时代意义的一项成就。

二、辅助计划

为了在登月前获得更多关于月球环境和载人航天相关的详细情况，"阿波罗"登月计划先后完成了5个重大任务，包括：

（1）"徘徊者""勘测者"和"月球"计划3个无人月球探测项目。它们检测了月球表面岩石的性质，绘制了月面地图，选取了合适的着陆点并成功着陆。

图4-2　任务中的"双子座8号"

（2）"双子座"计划。这是美国在"水星"计划后的第二个载人航天计划，先后发射了"双子座1号"～"双子座12号"宇宙飞船，验证了各种载人航天技术，并为"阿波罗"登月计划选拔宇航员，第一位登上月球的阿姆斯特朗就是在"双子座8号"完成了他的太空首秀（如图4-2）。

（3）"土星"系列火箭计划。在火箭专家冯·布劳恩的带领下，美国完成了木星－土星系列火箭的研制，并推出了人类史上最强大的推进器——"土星五号"火箭（如图4-3）。要知道，"阿波罗"登月计划之前的载人航天计划也只是在距地面几百千米的环地球轨道上进行，而从地面到月球却至少有38万千米，更别提还要运载50多吨重的"阿波罗"系列飞船，作为对比，"水星"系列飞船

图4-3　布劳恩和"土星五号"的发动机

042

仅重不到 4 吨。直到今天，"土星五号"仍保持着火箭最大推力和载重的记录。

三、飞行硬件

　　飞行硬件可以分为运载火箭和飞船两个部分，在"阿波罗"登月计划中，使用的就是"土星五号"火箭和"阿波罗"宇宙飞船。

　　"土星五号"火箭高达 111 米，比自由女神像（ 93 米 ）都要高出近 20 米，重达 3 000 吨，是人类有史以来最大、最高、最强推力的火箭（ 如图 4-4 ）。"土星五号"分为三级，第一级火箭采用液氧煤油燃料，重达 2 300 吨，占了整个火箭质量的 2/3 有余！在飞行过程中，第一级火箭仅运行 168 秒便耗尽燃料关闭发动机。此时飞船已经加速到 2 390 米 / 秒。第二级和第三级火箭采用液氧液氢燃料，分别重 480 吨和 119 吨，第三级火箭推动飞船进入月球转移轨道 50 分钟后分离（ 如图 4-5 ）。

图 4-4 "土星五号"火箭载着"阿波罗"宇宙飞船点火起飞

043

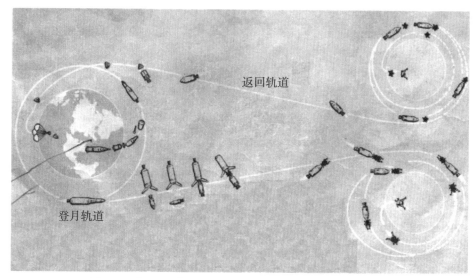

图 4-5 "阿波罗"宇宙飞船载人登月和返回的轨道示意图

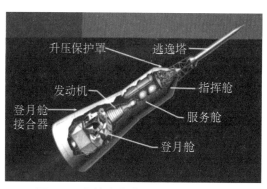

图 4-6 火箭中的"阿波罗"宇宙飞船

"阿波罗"宇宙飞船由指挥舱、服务舱和登月舱组成（如图 4-6、图 4-7）。

指挥舱是"阿波罗"宇宙飞船的主要控制中心以及 3 名宇航员的生活住处，他们大部分时间都在指挥舱中度过，其中，担任指挥舱驾驶员的宇航员将在此舱度过他的全部旅程。指挥舱有重返地面过程中需要的防热盾、降落伞等配置，是唯一完整返回地球的部分，类似于其他宇宙飞船的返回舱。

服务舱储存了宇航员所需的各种设备，例如产生电能的燃料电池、用于控制飞行姿态的推进器、推动飞船进入和离开绕月轨道的火箭发动机，计划的后期还将许多科学仪器装入服务舱。在整个任务期间，服务舱一直与指挥舱相连，直到重返大气层前几分钟才完全分离，因此两舱可并称指挥服务舱。

登月舱是为登陆月球及返回环月球轨道设计的一个独立载具。登月舱分为上升级和下降级，上升级载有载人舱和上升火箭引擎，返回时将与下降级

图 4-7 服务舱、指挥舱和登月舱合体飞行

脱离，将两名宇航员带回指挥服务舱（如图 4-8）。下降级载有"阿波罗"科学实验包、摄像机、月表工具以及月球样品采集箱，在"阿波罗"登月计划的最后 3 次任务时还搭载了月球车。

四、科技带动作用和艰险

"阿波罗"登月计划取得了前无古人的成就，为人类了解月球做出了卓越贡献，人类登上月球（如图 4-9），总共带回

图 4-8 登月舱分两级

381 千克的月球岩石样品，成为解释月球成因的重要证据，丰富了人们对地球、太阳系以至宇宙起源和演变的认识，也为未来开发月球做准备。

"阿波罗"登月计划在把人类送上月球的同时，也带动了其他科技领域的

进步，现代生活中的许多细节都有"阿波罗"登月计划的影子（如图4-10）。例如，为了尽量降低飞行中时间误差所带来的风险，工匠们研制出每年误差仅1分钟的石英手表；速食食品得益于太空饮食的冷冻干燥技术的发展；宇航员使用的阴离子技术的水净化装置普遍应用在游泳池中等。还有不得不提的是，今天计算机、集成电路、半导体行业的发展也离不开当年"阿波罗"登月计划和航天飞机计划。

图4-9　人类在月球上留下的第一个脚印

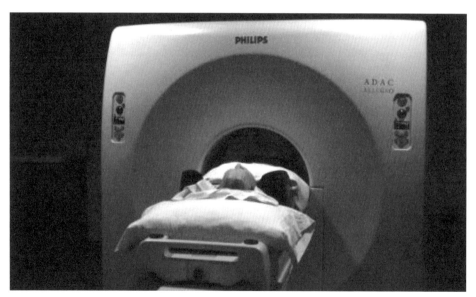

图4-10　CT机原本是为检查火箭和登月飞行器的零部件而开发的

　　"阿波罗"登月计划见证了当时人类最伟大的时刻，也留下众多令人唏嘘的故事，其中最令人悲痛的是"阿波罗1号"宇航员乘组的牺牲。在地面进行例行测试时，由于指挥舱内纯氧突然引起火灾，3位宇航员不幸牺牲。如果没有这起事故，他们将是首批登月的宇航员（如图4-11）。此次事故后，NASA

重新评估飞船内部所使用的材料，并对指挥舱进行了大规模的改进。

图4-11 在"阿波罗1号"飞船事故中牺牲的3位宇航员

此外，"阿波罗13号"飞船的3位宇航员则在太空中遇上了氧气罐爆炸的事故，不得不放弃登月任务。幸运的是，在3位宇航员和地面指挥人员的冷静处理下，飞船利用月球引力加速，带着宇航员安全返航。

Part 5

火星探测

随着第一颗人造卫星的上天，人类探索太空的步伐逐步加快，开始进行对月球和行星的航天探测。火星的特殊地位使其成为人类探测地外行星的首选目标。火星的赤道半径为 3 397 千米，体积是地球的 15%，自转周期为 24 小时 37分 23 秒，仅比地球自转周期长 41 分钟。但火星距离太阳 2.279 亿千米，约为日地距离的 1.52 倍；绕日公转 1 周需 687 天，远长于地球公转周期。有趣的是，火星也像地球一样侧着身子绕日公转，它们的自转轴都与黄道面斜相交，火星的倾角约为 23.19°（地球的倾角约为 23.44°）。火星探测活动起步早，探测器发射数量较多，成果颇丰。

向火星发射航天器可选用多种飞行路线。为了节省能量，通常采用初始速度最小的飞行路线，并将其称为最佳轨道（如图 5-1）。最佳轨道只有一条，对于火星这样的地外行星来说，即为外切于地球公转轨道，内切于目标行星公转轨道的双切式椭圆形轨道。它是奥地利科学家霍曼于 1925 年提出来的，故被称为霍曼轨道。霍曼轨道可节约火箭能量，却因速度小而使飞行时间较长，航天器从地球到达火星需要奔驰 259 天。

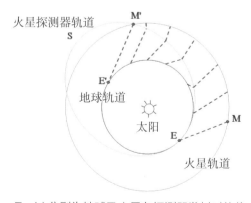

E、M 分别为地球及火星在探测器发射时的位置，E'、M' 分别为地球及火星在探测器与火星相遇时的位置，S 为火星探测器轨道

图 5-1　霍曼轨道示意图

一、苏、美早期火星探测

1. 苏联"火星号"探测器

1960 年，苏联先后向火星发射了 3 个探测器，但这些先行者都没能到达预定的轨道。1962 年 11 月 1 日，苏联正式发射"火星 1 号"探测器。然而，它在距离地球 1 亿千米时与地面失去联系，从此下落不明，但它仍然被看作是人类火星探测的开端。

1971 年 5 月，"火星 2 号""火星 3 号"发射，可以说这两个探测器是"火星号"系列中最成功的。"火星 2 号"于 1971 年 11 月 27 日在火星着陆，却因遇到火星沙暴，一着陆就与地面失去联系，但它仍然是第一个到达火星表面的人造物体（如图 5-2）。"火星 3 号"在 1971 年 12 月 2 日成功登陆火星，成为有史以来第一个成功在火星表面着陆的探测器。但由于遭遇同一场火星沙暴，在火星上仅工作了大约 20 秒，甚至没能发回一张完整的照片就失去了联系。"火星 2 号"和"火星 3 号"的轨道器大概在环绕火星轨道上工作了 8 个月，它们向地球传回了大量有关火星的探测数据。

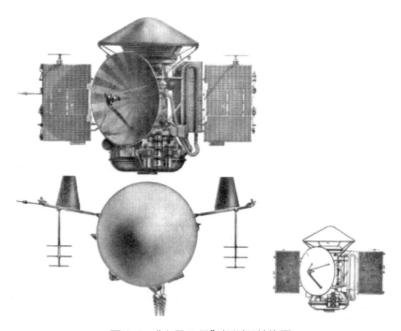

图 5-2 "火星 2 号"探测器结构图

1973 年，苏联连续向火星发射了 4 个探测器，即"火星 4 号"～"火星

7号"。按照计划，"火星4号"和"火星5号"将作为环绕火星运转的轨道飞行器；"火星6号"和"火星7号"将在火星上着陆并工作。但"火星4号"没能进入环绕火星轨道，而"火星5号"虽然于1974年2月12日进入环绕火星轨道，但其工作时间并不长，仅为9天。"火星6号"和"火星7号"探测器则双双着陆失败。

苏联的"火星号"计划探测任务困难重重，1974年以后就没有再继续了。

2. 美国"水手号""海盗号"战绩颇丰

美国探测火星的活动虽然比苏联晚，但其战果辉煌，为人类对火星的探索做出了显著的贡献。

1962年，美国开始实施"水手计划"。1964年11月28日，"水手4号"（如图5-3）发射升空，并于1965年7月14日在距火星表面9800千米的上空掠过，向地球发回了21张照片。这是有史以来第一个成功到达火星上空并发回数据的探测器。4年后，"水手6号"和"水手7号"这两个探测器携带更先进的仪器和通信设备，成功掠过火星，对火星大气成分进行分析，并发回了大量照片。"水手6号"和"水手7号"距火星较近，只有3000多千米，因此照片的分辨率较高。1971年，美国发射"水手8号"和"水手9号"探测器，但"水手8号"发射失败。1971年11月13日，"水手9号"到达火星，这是有史以来第一个成功进入环绕火星轨道的探测器，取得了空前成功。它首次拍摄到火星全貌，精确测量了火星的大气成分、表面温度等，并发现了火星上的干涸河床，测绘出了火星的局部地形图（如图5-4）。

图5-3 "水手4号"

图 5-4 "水手 9 号"所拍摄的火星上的"水手谷"

051

美国的"水手号"计划是探测行星的一项综合计划,主要是为了探测火星。有些探测器也发射到水星、金星等行星。"水手号"计划对火星的探测成果为接下来"海盗号"登陆火星的考察计划奠定了良好基础。

"海盗号"火星探测计划主要是通过降落装置探索火星上有无生物,从而揭开火星生命之谜。1975 年 8 月 20 日和 9 月 9 日,美国发射了两个火星探测器:"海盗 1 号"和"海盗 2 号"。这两个探测器由轨道飞行器和登陆舱组成,长 5.08 米,质量为 3 530 千克,其中轨道飞行器重 2 330 千克,登陆舱重 1 200 千克,用三脚支撑,装有生物化学实验箱、测量挖掘设备、两台电视摄像机、机械手和电源。两个"海盗号"探测器在绕火星探测期间,发回了数万张火星表面图像的传真照片。1976 年 7 月 20 日和 9 月 3 日,"海盗 1 号"和"海盗 2 号"的着陆器在火星表面着陆后,又发回了大量着陆地附近火星表面的近距传真照片(如图 5-5)。软着陆的成功得益于科学家们为"海盗号"登陆舱设计的热屏蔽壳、制动发动机和降落伞系统。其解决了过热问题,也为着陆器的正常运行创造了减速条件。之后,两个"海盗号"探测器的工作情况也十分良好,使用寿命大大超过了原本设计的要求。

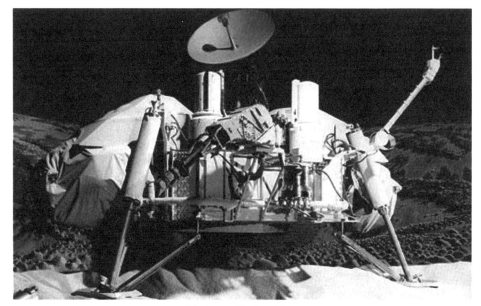

图 5-5 "海盗 1 号"实现首次火星登陆

"海盗号"探测器均进行了生物探测实验，但仍未能找到火星上有微生物存在的迹象。火星上是否有生命存在？尽管在两个"海盗号"之后，美国又多次发射探测器探测火星，但这个问题至今还没有肯定的答案。

二、火星探测浪潮涌现与斐然成绩

人类探测火星的步伐永不停歇，航天技术水平的提高，使得火星之谜逐步揭晓。多方重视火星的探测，浪潮涌现。

1996 年 11 月 7 日，美国的"火星全球勘测者"探测器发射升空。这个探测器持续运行了 10 年，最后在 2006 年 11 月 5 日与地面失去联络。它是迄今为止服役时间最长的火星探测器，也是最成功的火星探测任务之一。2001 年 10 月 23 日，美国发射"2001 火星奥德赛号"到达火星轨道。经过大半年的飞行和探索，发现火星表面可能有丰富的冰冻水。"2001 火星奥德赛号"的成功进一步激起了人类对火星的探测热情。2008 年 6 月 15 日，美国"凤凰号"火星探测器（如图 5-6）在着陆点附近挖到的发亮物质经确认是冰冻水，从而证实火星上的确存在水。"凤凰号"还探测到来自火星云层的降雪，而且找到了火星上曾经存在液态水的最新证据。

图 5-6 "凤凰号"火星探测器

2003 年 6 月 2 日，欧洲发射"火星快车号"探测器，并于 2003 年 12 月 25 日成功进入环绕火星轨道，但搭载的"猎兔犬 2 号"着陆器却在着陆过程中与地面指挥中心失去联络，探测任务也随之失败。

2013 年 11 月 5 日，印度首个火星探测器"曼加里安号"发射升空（如图 5-7）。2014 年 9 月 24 日，印度"曼加里安号"成功进入环绕火星轨道，使印度成为首个成功向火星发射探测器的亚洲国家。"曼加里安号"所采集的数据将有助于更好地理解星球形成过程、宇宙物质存在等问题。

图 5-7 "曼加里安号"发射时的画面

我国的火星探测项目已经在实施中。火星探测项目是我国继载人航天工程、嫦娥工程之后又一个重大空间探索项目，也是我国首次开展的地外行星空间环境探测活动。2014年6月，有着"嫦娥之父"之称的中国科学院院士、中国月球探测工程首席科学家欧阳自远称，我国将开展深空探测，其中预计2021年实现火星的着陆巡视，2030年实现火星采样返回。

三、中国火星探测计划

中国火星探测计划是中国第一个行星探测计划，该计划分四个阶段，阶段一（至2009年）是对第一次任务进行充足准备，包括设定探测目标、技术研发和寻求国际合作。阶段二（2009—2020年）是探测火星环境，所得数据用于火星软着陆。阶段三目标是于2020年发射火星着陆器并携带一辆火星车，在火星上软着陆。阶段四将成立火星表面观察站、发射飞行器穿梭地球与火星之间，并且建立火星基地供机械探测器进入。

"萤火一号"（谐音"荧惑"，火星的古称）是我国的首颗火星探测器，也是该计划的先遣队员，它将开展对火星高层大气和空间环境的探测，为后续的探测活动提供数据支撑。然而不幸的是，2011年11月9日，俄罗斯宣布搭载有"萤火一号"的"福布斯-土壤号"火星探测器变轨失败，后在重返大气层的过程中烧毁，我国首次火星探测计划失败。随后，我国决定攻坚克难，自主研发长征系列新一代运载火箭系统来进行深空探测任务。

2016年1月11日，中国正式批复首次火星探测任务，中国火星探测任务正式立项。2020年4月24日，国家航天局在中国航天日线上启动仪式上公布：中国行星探测任务被命名为"天问（Tianwen）系列"，首次火星探测任务被命名为"天问一号"。

"天问"这一名称源于屈原的长诗《天问》，作品对天地、自然和人世等一切事物现象进行想象与发问。以"天问"作为工程名称，既表达了中华民族对自然和宇宙空间探索的文化传承，又包含了探求科学真理、追求科技创新之路永无止境的寓意。象征"揽星九天"的任务标识，展示了独特字母"C"的形象，汇聚了中国行星探测（China）、国际合作精神（cooperation）、深空探测进入太空的能力（C3）等多重含义，展现出中国航天开放、合作的理念（如图5-8）。

图5-8 中国行星探测任务标识（火星）

随着"胖五"("长征五号"运载火箭的绰号)的发射成功,2020 年 7 月 23 日 12 时 41 分,中国首个火星探测器"天问一号"搭乘"长征五号"遥四运载火箭,在海南文昌航天发射场发射升空(如图 5-9)。这是"长征五号"运载火箭首次执行应用性发射,成功将"天问一号"火星探测器送入预定轨道。"天问一号"火星探测器由着陆巡视器和环绕器组成,着陆巡视器包括进入舱和火星车,探测器共搭载了 13 台现代化的测量仪器(如图 5-10)。

图 5-9 "长征五号"运载火箭点火升空

图 5-10 "天问一号"分离测量传感器拍摄的"自拍照"

经过四次轨道中途修正，"天问一号"探测器于2021年2月10日实施火星捕获制动，环绕器3000牛轨控发动机点火工作持续约15分钟，探测器顺利进入近火点约400千米高度、周期约10个地球日、倾角约10°的大椭圆形环绕火星轨道，成为我国第一颗人造火星卫星，实现"绕、着、巡"第一步"绕"的目标，环绕火星获得成功（如图5-11）。此后，"天问一号"环绕器携带的中分辨率相机、高分辨率相机、磁强计、矿物光谱分析仪、离子与中性粒子和能量粒子探测仪等载荷将陆续开始工作，对火星开展多维度探测。

图5-11 "天问一号"制动捕获图

2021年2月24日6时29分，"天问一号"探测器经过多次轨道调整后，成功进入火星停泊轨道。3月4日，"天问一号"探测器拍摄了高清火星影像图，包括2幅全色图像（如图5-12）和1幅彩色图像（如图5-13）。全色图像由高分辨率相机在距离火星表面约330~350千米高度拍摄，分辨率约0.7米，成像区域内火星表面小型环形坑、山脊、沙丘等地貌清晰可见，据测算，图中最大撞击坑的直径约620米。彩色图像由中分辨率相机拍摄，画面为火星北极区域。

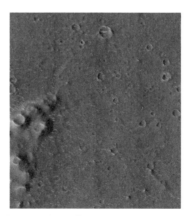

图5-12 全色图像1和全色图像2

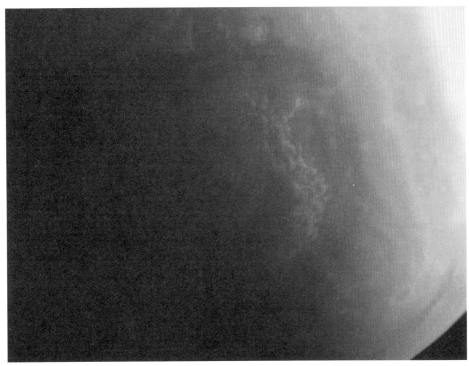

图 5-13 彩色图像

2021 年 5 月 15 日，"天问一号"探测器携"祝融号"火星车在火星上成功着陆，计划于 2021 年 5—6 月对火星北半球的乌托邦平原开展巡视探测。

"天问一号"之后，我国还规划了 3 次行星探测计划，将依次进行小行星探测、火星采样返回和木星探测任务。"天问一号"是中国行星探测的第一步，期待"天问一号"顺利到达火星，在这颗神秘星球留下中国印记，实现预期科学目标！

Part 6

登陆小行星

随着人类对宇宙的不断探索，越来越多的探测器被发射到了小行星上，日本的"隼鸟2号"便是为了探测一颗名为"龙宫"的小行星而诞生的（如图6-1）。对早期太阳系遗留物的小行星"龙宫"的深入研究，对解开太阳系甚至是宇宙形成的秘密具有重要意义。

058

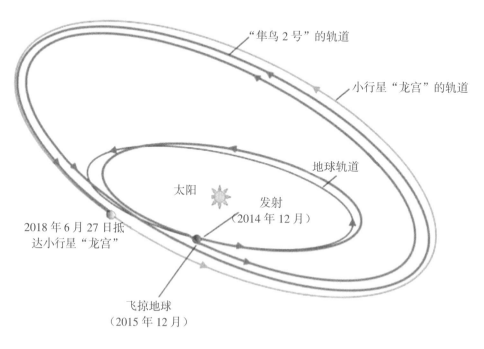

图 6-1 "隼鸟 2 号"飞向"龙宫"线路图

一、微型机器人登陆小行星"龙宫"

日本宇宙航空研究开发机构（JAXA）于 2018 年 9 月 22 日宣布，日本"隼鸟 2 号"小行星探测器于 9 月 21 日朝太阳系小行星"龙宫"投下两台微型探测机器人：MINERVA-Ⅱ1A 和 MINERVA-Ⅱ1B。它们成功登陆小行星"龙宫"并进行跳跃移动（如图 6-2）。这是移动探测器首次成功着陆小行星。

图 6-2 探测机器人探索小行星"龙宫"表面

这两台探测机器人为宽 18 厘米、高 7 厘米的正 16 角形柱状体，搭载多种科学仪器，其中包括温度和光学传感器，以及多达 7 个相机。由于小行星的重力非常微弱，仅为地球的八万分之一，车轮运动时会浮起，因而探测机器人在小行星上保持跳跃移动。除验证移动方法外，摄影机还将持续对"龙宫"地表进行彩色拍摄，并测量地表温度，将有助于母机"隼鸟 2 号"的着陆采样行动。

除了登陆成功之外，探测机器人还拍摄了一些最新照片（如图 6-3）。由于是探测机器人在跳跃过程中拍摄下来的，所以影像有些模糊，作为探索小行星"龙宫"的重要设备，探测机器人的设计初衷就是在"龙宫"表面进行跳跃，以此保证正常的移动，在此途中完成拍照和收集数据。

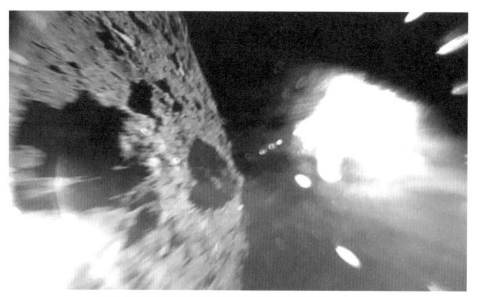

图 6-3 探测机器人登陆小行星"龙宫"后的一次拍摄

为了保证任务的完成度，"隼鸟 2 号"的主航天器在投放微型机器人前，一直尽可能接近小行星，最终投放的时候仅位于小行星上方 55 米，在顺利投放探测机器人后，"隼鸟 2 号"又回到了高空，这也意味着日本耗资 1.5 亿美元的"龙宫"计划顺利进展到了采样阶段。

二、日本"隼鸟 2 号"探测器登陆小行星首次收样

北京时间 2019 年 2 月 22 日 7 时前后，日本"隼鸟 2 号"探测器成功实现在小行星"龙宫"表面的第一次采样任务，随后"隼鸟 2 号"探测器也顺利获取少量岩石碎屑和土壤样品。

此前，"隼鸟 2 号"已经向"龙宫"小行星的地表投掷了一个信标。这是一个小型、能够反光的标记物，它在"隼鸟 2 号"探测器逐渐接近小行星粗糙的地表时充当引导标志。地面控制人员将不断命令探测器拍摄信标的照片，不断修正下降航路，最终准确抵达预定的采样地点（如图 6-4）。

考虑到这颗小天体的实际情况，最终地面控制中心选定的"着陆采样场地"的直径仅有 6 米。"隼鸟 2 号"探测器采样的地点要求不能有突出小行星表面超过 50 厘米的岩石，否则"隼鸟 2 号"探测器就有可能在取样时剐蹭到岩石表面，造成故障，甚至有失事的风险（如图 6-5）。复杂的小行星表面形态也可能影响采集的样品数量。

图 6-4 红色箭头指示预计采样位置

图 6-5 "隼鸟 2 号"探测器采样

日本"隼鸟 2 号"在整个任务期间进行了 3 次采样行动。所采集的样品都会被储存在具有绝缘隔热功能的样品返回舱内，之后送回地球。这个样品返回舱直径大约 40 厘米，高度 20 厘米，质量大约为 16 千克。而 2 月 22 日所进行的采样正是三次采样行动中的第一次。

根据设计，"隼鸟 2 号"最多可以采集 10 克的样品。这是日本发射探测器登陆小行星进行的首次取样，按照预定计划，这些样品于 2020 年 12 月 6 日被送回了地球。这为人类对宇宙的进一步研究提供了很好的样品。

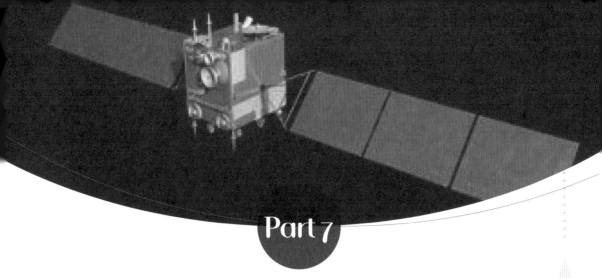

Part 7

中国探月计划

　　"明月几时有？把酒问青天。不知天上宫阙，今夕是何年？"那高悬夜空的月亮是那么引人遐想。1969 年美国人就已经登上月球，中国何时才能拜访广寒宫呢？

　　其实在 1999 年，中国的科学家就已经在讨论中国探测月球的目标，并在 2004 年时正式立项绕月探测工程，命名为"嫦娥工程"，其分为"绕""落""回"3 步走，统称"三小步"（如图 7-1）。

中国探月
CLEP

063

图 7-1　中间的两个脚印象征着中国载人登月的终极梦想

一、探月计划之"绕"阶段

　　"绕"阶段是指发射月球轨道飞行器，在距离月球 2 000 千米的高空绕月飞行，进行月球全球观测。这个阶段包括发射"嫦娥一号"探测器和"嫦娥二号"探测器。

　　2007 年 10 月 24 日，"嫦娥一号"发射升空前往月球，几次变轨后于 11 月 7 日正式进入工作轨道开始工作（如图 7-2）。"嫦娥一号"携带了 130 千克的有效载荷，包括 9 件主要仪器，绘制了中国人的第一张月球全貌地形图，为后续"落"月选择着陆地点提供了有用的参考数据。另外，"嫦娥一号"还搭载了包括《但愿人长久》在内的 32 首寄托着对月亮美好感情的歌曲在太空播放，并传回地面。由于减少了变轨次数，"嫦娥一号"省下的燃料足够其工作一年有余。2009 年 3 月 1 日，"嫦娥一号"在"超长待机"工作了 16 个月后受控撞向月球丰富海区域，在"生命"的最后一刻还为研究月震贡献能量。

图 7-2　绕月飞行的"嫦娥一号"

图 7-3　"嫦娥二号"

"嫦娥二号"原先是"嫦娥一号"的备份星，在"嫦娥一号"完成任务后接受技术改进，并于 2010 年 10 月 1 日发射升空。作为二期工程（即"落"阶段）的先导星，它挑战了全新的飞行轨道抵达月球，采用实验型的通信技术手段、更加复杂的月球 15 千米高轨道测控技术，并验证无人登月相机等一系列高难度动作。在完成预定任务后，"嫦娥二号"执行拓展任务，成功飞掠小行星 4179，成为中国第一个小行星探测器。随后，"嫦娥二号"继续向深空进发，成为中国第一个真正意义上的深空探测器，至今仍在太空中遨游（如图 7-3）。

二、探月计划之"落"阶段

"落"阶段是发射月球软着陆器，降落到月球表面，释放一个月球车，对着陆点附近区域进行详细巡视探测。这个阶段包括发射"嫦娥三号"探测器和"嫦娥四号"探测器。

"嫦娥三号"于2013年12月2日发射升空，14日成功着陆月球，15日"玉兔号"月球车从"嫦娥三号"着陆器上走下，随后开展着陆器的就位探测和月球车的巡视探测（如图7-4）。"嫦娥三号"携带了人类首个在月球上使用的天文光学望远镜，还验证了中国的放射性同位素电机技术。2016年7月31日，"玉兔号"月球车最终停止工作，总计工作932天，远超预期的3个月寿命；几天后的8月4日，"嫦娥三号"也停止了工作，比设计寿命多服役了19个月，成为人类历史上在月球表面工作时间最长的探测器。

图7-4 "嫦娥三号"着陆器（左）和"玉兔号"月球车（右）

由于"嫦娥四号"将在月球背面着陆，又因为月球自转周期与绕地球公转周期相同，故"嫦娥四号"的通信信号将会受到月球本身的阻挡。因此科学家们决定发射"鹊桥号"中继卫星，以承担地球与"嫦娥四号"之间的通信中继任务。2018年5月21日，"鹊桥号"中继卫星成功发射，并于6月14日进入预定工作轨道，成为世界上首颗运行于地月拉格朗日L2点的通信卫星（如图7-5）。

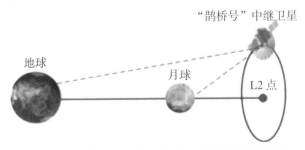

图7-5 "鹊桥号"中继卫星、地球、月球间的轨道关系

"嫦娥四号"最初是"嫦娥三号"的备份星，不过它并没有重复走老路。"嫦

娥四号"要在"鹊桥号"中继卫星的帮助下，登陆月球背面这片人类从未登陆过的区域(如图7-6)。

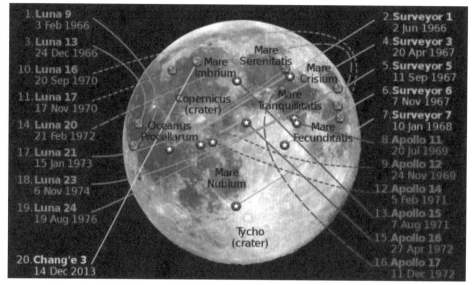

图7-6 到"嫦娥三号"为止，人类已经向月球正面发射了20个登陆器

2018年12月8日，"嫦娥四号"发射升空。2019年1月3日，待月球背面处于月昼时，"嫦娥四号"着陆，当日即与"玉兔二号"月球车分离，开始探测工作(如图7-7)。

"嫦娥四号"任务的顺利实施凝聚着诸多参与国科学家的力量。除探测器上的德国和瑞典载荷外，中继卫星("鹊桥号"中继卫星也属于"嫦娥四号"任务的一部分)上配置了荷兰低频射电探测仪；与俄罗斯合作的同位素热源保障"嫦娥四号"安全度过月夜等。在任务成功

图7-7 "玉兔二号"在月球背面留下第一道人类的痕迹

后，"嫦娥四号"收集的科研数据会全部对外公开，欢迎全世界科学家共同研究。中国在深空探测领域开始走向国际化，这是中国航天的另一个高度。

三、探月计划之"回"阶段

"回"阶段是指发射月球自动采样返回器，降落到月面采集样品，随后返回器携带样品返回地球。这是中国探月工程的第三阶段，包括发射"嫦娥五号 T1"再入返回飞行试验器和"嫦娥五号"探测器。

"嫦娥五号 T1"是"嫦娥五号"的探路星，绰号"舞娣"，谐音"5T"。它于 2014 年 10 月 24 日发射，3 日后绕月并返回地球，主要承担探月工程三期的绕月高速返回地球技术的实践验证等任务。

"嫦娥五号"于 2020 年 11 月 24 日发射，它在月球表面执行自动采样任务，并于 12 月 17 日携带样品返回了地球，成功完成了全部任务。

四、展望未来

"嫦娥五号"任务后，中国还将发射"嫦娥六号""嫦娥七号"和"嫦娥八号"探测器作为第四期工程，继续对月球进行科研活动，包括对月球南极的采样返回、月面试验等，并为建立国际月球科研基地做前期探索。

"三小步"走完后，未来中国还会将中国的宇航员送上月球，考虑建立可长期驻留的月面基地，完成"探""登""驻"的"三大步"。

Part 8

登陆彗星

一、彗星的特点

彗星，又叫"扫把星"（"彗"在古代就是扫帚的意思），以它长长的尾巴而得名。由于彗星的出现时间常和不少历史上大事件的发生时间相近，因此部分民族甚至视彗星为神或灾祸的象征。

彗星是由太阳系刚形成时留下的冰、尘埃和小岩石组成的太阳系小天体，围绕着太阳运转，它的大小从几百米到几十千米不等，轨道周期从几年到几百万年（如图 8-1）。每当它们转动到太阳附近时，就会被太阳风"吹"出一条美丽的彗尾（如图 8-2）。

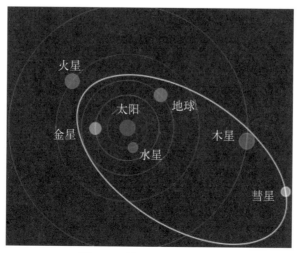

图 8-1 彗星的轨道示意图

图 8-2 彗尾由离子化气体和尘埃组成

二、"罗塞塔"计划

"罗塞塔"计划是欧洲空间局实施的一项登陆彗星计划,利用彗星探测器搜集和分析形成于太阳系初期的彗星的物质成分,进一步研究太阳系甚至人类的起源。

"罗塞塔号"的探测对象为"楚留莫夫-格拉希门克"彗星,是以发现它的两位苏联科学家的名字命名的,编号 67P,也叫 67P 彗星。2004 年 3 月 2 日,"罗塞塔号"发射升空,开始长达 12 年的太空旅程。"罗塞塔号"重约 3 吨,由一对长 28 米的太阳能帆板提供能源,帆板打开后相当于 9 层楼的高度(如图 8-3)。"罗塞塔号"携带了 10 多种仪器,如监测彗核物质的质谱仪和光谱仪、可查看地形的高分辨率相机及一个 100 千克重的"菲莱"登陆器等。

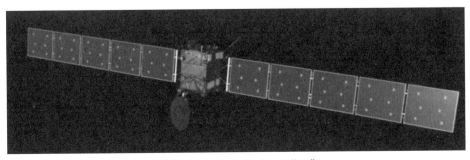

图 8-3 飞行中的"罗塞塔号"

　　经过超 64 亿千米的太空飞行，终于在 2014 年 8 月，"罗塞塔号"在距离地球 4 亿千米的太空追上正不断逼近太阳的 67P 彗星。67P 彗星是双星结构的彗星，即早期由两颗彗星撞击融合而成。其表面结构复杂，到处都是悬崖和峭壁（如图 8-4）。随后 3 个月，"罗塞塔号"环绕着 67P 彗星进行伴飞，从一旁观察彗星；"结伴而行"中，"罗塞塔号"进一步探究彗星，并锁定了合适的着陆地点。

图 8-4　由"罗塞塔号"拍摄的 67P 彗星

　　2014 年 11 月 12 日，"罗塞塔号"释放了"菲莱"登陆器。"菲莱"登陆器于北京时间 2014 年 11 月 13 日零时 5 分确认成功登陆 67P 彗星（如图 8-5）。这是人类探测器首次登陆彗星。

　　虽然"菲莱"登陆器成功着陆，但是电池电量耗尽，进行了关机保护。"罗塞塔号"一直跟随着彗星伴飞，等待着"菲莱"登陆器的苏醒。2015 年 6 月，由于彗星越来越接近太阳，"菲莱"登陆器的太阳能接收器也获得了能量，重新开机发回了信号。"菲莱"登陆器的采样系统，能在彗星表面钻洞、搜集样品，并且通过有机分子分析仪器等就地对样品进行检测分析，随后"菲莱"登陆器将检测结果发送给"罗塞塔号"，再由"罗塞塔号"传回地球。

图 8-5 "菲莱"登陆器着陆模拟图

根据"罗塞塔号"传回的信息,研究人员发现 67P 彗星上有 16 种不同的有机化合物,同时发现 67P 彗星上会下一种夹杂着灰尘的"雪",这种"雪"实质上是一种尘埃雾霾,这说明 67P 彗星还有稀薄的大气层。同时,"罗塞塔号"在 67P 彗星周围的尘埃中发现了磷和甘氨酸等有机化合物,而甘氨酸是构成 DNA 和细胞膜的关键化学成分;磷是地球上所有生物体内都有的一种关键化学元素,存在于 DNA 和 RNA 的结构框架上。这一发现表明,67P 彗星很有可能将这些构成生命的元素带进地球,从而使地球得以孕育生命。

2016 年 9 月 29 日,在传回最后一张彗星表面的照片后,"罗塞塔号"受控坠入 67P 彗星,结束了它传奇的一生。

三、"罗塞塔"与引力弹弓效应

67P 彗星的运行速度高达每小时几万千米,"罗塞塔号"必须加速到同 67P 彗星差不多的速度,才能与 67P 彗星保持相对静止,才能让"菲莱"登陆器安稳着陆。但是仅仅依靠"罗塞塔号"的发动机功率,要达到这个速度是不现实的。这个时候,飞行器需要利用引力弹弓效应来加速。

1. 引力弹弓效应的原理

当质量为 m 的飞行器靠近质量为 M 的某行星时,只要飞行器的速度较大,而且角度调整合适,该行星就不能俘获这一飞行器,只会改变飞行器的飞行

方向，并会使飞行器加速。这一作用称为引力弹弓效应(如图 8-6)。

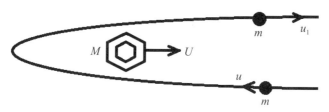

图 8-6　引力弹弓效应原理

根据动量守恒定律，行星与飞行器相互作用前后总动量相等：

$$MU-mu=MU_1+mu_1 \quad\cdots\cdots\cdots\cdots\cdots\cdots\cdots\cdots\cdots\cdots\cdots\cdots ①$$

根据能量守恒定律，行星与飞行器相互作用前后总动能相等：

$$\frac{1}{2}MU^2+\frac{1}{2}mu^2=\frac{1}{2}MU_1^2+\frac{1}{2}mu_1^2 \quad\cdots\cdots\cdots\cdots\cdots\cdots\cdots ②$$

从①得：$M(U-U_1)=m(u_1+u)$ $\cdots\cdots\cdots\cdots\cdots\cdots\cdots\cdots\cdots\cdots\cdots ③$

从②得：$\frac{1}{2}M(U^2-U_1^2)=\frac{1}{2}m(u_1^2-u^2)$ $\cdots\cdots\cdots\cdots\cdots ④$

从③和④得：$U+U_1=u_1-u$ $\cdots\cdots\cdots\cdots\cdots\cdots\cdots\cdots\cdots\cdots\cdots ⑤$

将①代入⑤，消去 U_1 得：$U+\dfrac{MU-mu-mu_1}{M}=u_1-u$

整理得：$(\dfrac{m}{M}+1)u_1=2U+(1-\dfrac{m}{M})u$ $\cdots\cdots\cdots\cdots\cdots\cdots ⑥$

当 M 远远大于 m 时，可认为 $\dfrac{m}{M}=0$，⑥式简化为：

$$u_1=2U+u$$

即飞行器的速度由原来的 u 提升为 $2U+u$。这是该行星带着飞行器加速的结果。

2.　"罗塞塔号"加速

"罗塞塔号"在 12 年征程中，多次利用引力弹弓效应加速（ 3 次地球的引力弹弓效应，1 次火星的引力弹弓效应 ），最终追上 67P 彗星，在与其相对速度 1 米 / 秒的情况下放出"菲莱"登陆器登陆（ 如图 8-7 ）。

事实上，引力弹弓效应很早就应用于航天事业。例如 1977 年发射的"旅行者 1 号"探测器借助木星和土星的引力弹弓效应加速,正在冲出太阳系,是目前人类发射的飞行最远的航天器。当然,引力弹弓效应也可以使探测器减速,例如"水手 10 号"探测器借助金星引力弹弓效应减速,成为首个探测水星的航天器。

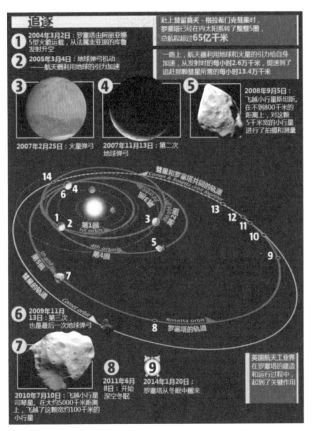

图 8-7 "罗塞塔号"变轨示意图

Part 9
飞离太阳系

一、"先驱者"计划

　　"先驱者"计划是美国的一系列无人行星探测任务。整个计划分为数项任务，而最著名的是"先驱者10号"探测器（如图9-1）和"先驱者11号"探测器，它们的任务是探测外层行星并飞出太阳系。

　　1972年3月2日，"先驱者10号"探测器发射升空，朝着金牛座方向飞行，向银河系外围进发。"先驱者10号"探测器是一个六面体环形结构的探测器，携带十几种科学仪器和设备，主要设备有控制探测器姿态的火箭发动机、用来和地面控制中心联络的通信设备，还带有核能发电装置。

图9-1 "先驱者10号"

　　"先驱者 10 号"探测器是第一个成功穿越火星和木星之间的小行星带、第一个近距离观测木星的航天器，一度是飞离地球最远的探测器（1998 年 2 月 17 日被"旅行者 1 号"探测器超越）。1973 年 12 月 3 日，"先驱者 10 号"探测器发回了第一组木星的近距离拍摄图像，科学家们发现了木星上的辐射带，并确认了木星外层为气态，内部含有液态氢分子和液态金属氢。在飞过木星后，"先驱者 10 号"探测器开始了对太阳系外层空间的探索。1983 年，"先驱者 10 号"探测器越过海王星轨道，成为第一颗飞离太阳系行星活动区域的探测器。

　　在"先驱者 10 号"探测器发射升空 1 年后，美国又发射了"先驱者 11 号"探测器。1974 年 12 月 3 日，经过一年多的飞行，"先驱者 11 号"探测器终于抵达木星，在距离木星极区云层顶部仅有 4.3 万千米的地方掠过。之所以选择从木星极地上空飞过，是为了尽可能避开木星赤道附近的强烈辐射带对探测器造成的致命损伤。在此过程中，"先驱者 11 号"探测器获取到木星大红斑的细节图像，并首次发回木星极区大气画面（如图 9-2 ）。

图 9-2 "先驱者 11 号"拍摄的木星画面

　　随后，"先驱者 11 号"探测器借助木星强大引力场的引力弹弓效应，将

自己"甩"向更加遥远的土星。1979 年,"先驱者 11 号"探测器开始接近土星。探测器获得了第一张土星的近距离照片(如图 9-3),发现了土星的几颗小卫星,并绘制了土星的磁场图像。在结束了对土星的探测后,"先驱者 11 号"探测器和"先驱者 10 号"探测器一样,也开始对太阳系外层空间进行探索。

图 9-3 "先驱者 11 号"拍摄的土星画面

目前,"先驱者 10 号"探测器和"先驱者 11 号"探测器仍在太空中流浪,但已经和地球失去联系。2003 年年初,NASA 在接收到"先驱者 10 号"探测器微弱的信号之后,便与其失去联系,而 NASA 也放弃了尝试与"先驱者 10 号"探测器重新取得联系。1995 年,NASA 与"先驱者 11 号"探测器终止联络以节省飞行器电量。

二、"旅行者"计划

1961 年,美国加州大学洛杉矶分校的迈克尔·米诺维奇,在借用学校计算机探讨"三体"问题时,顺手研究了一下引力弹弓效应问题。随后他惊奇地发现,到 1977 年时木星、土星、天王星、海王星恰好在太阳的同一侧,探测器可以依次借助它们进行引力弹弓效应加速，飞出太阳系。根据这个结果，NASA 决定发起一个"行星之旅"计划，发射两个探测器探索所有的地外行星。此前的"先驱者"计划和"水手"计划也有探测行星的任务，但是由于各行星位置限制，需要发射多个探测器，花费极大。相比之下，"行星之旅"计划只需要发射两个探测器就能完成多项任务，经济且实惠。

后来"行星之旅"计划更名为"旅行者"计划，两个探测器分别是"旅行者 1 号"和"旅行者 2 号"探测器（如图 9-4）。两个探测器先后于 1977 年发射，但是"旅行者 2 号"比"旅行者 1 号"要早两个星期，而且两者的轨道也不相同。

图 9-4 "旅行者号"探测器

"旅行者 1 号"探测器用了一条更便捷、快速的轨道。依托这个轨道，"旅行者 1 号"比"旅行者 2 号"更早到达了木星，并借助木星引力弹弓效应加速飞向土星，"旅行者 1 号"是第一个近距离观察木星和土星的探测器（如图 9-5）。

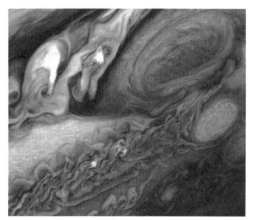 

图 9-5 "旅行者 1 号"拍摄的木星上的大红斑（左）和土星（右）

  由于"旅行者 1 号"探测器发射的初速度很快，经过木星和土星的两次引力弹弓效应后，其飞行速度超过了第三宇宙速度（16.7 千米 / 秒）。随后，它继续向深空进发，将探索海王星和天王星的任务交给了"旅行者 2 号"探测器。

  "旅行者 1 号"至今已飞行了 40 多年，虽然飞出了太阳系八大行星的活动范围，但仍然未飞出太阳系，可见人类的渺小和飞离太阳系的艰难。

  "旅行者 2 号"探测器的轨道接近迈克尔·米诺维奇计算的轨道，它依次飞越了木星、土星、天王星、海王星。除了木星和土星外，它还近距离观察了天王星、海王星，为人们揭开这两颗太阳系最远地外行星的面纱（如图 9-6）。

 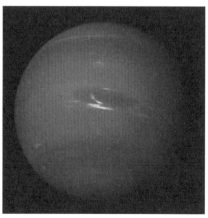

图 9-6 "旅行者 2 号"拍摄的天王星（左）和海王星（右）

  两个探测器正在飞离太阳系。"旅行者 1 号"探测器距离地球约 220 亿千米，是目前人类发射的飞行最远的航天器；"旅行者 2 号"探测器距离地球约

180 多亿千米（如图 9-7、图 9-8）。两者预计将于 2025 年左右耗尽电量，彻底与地球失去联系。

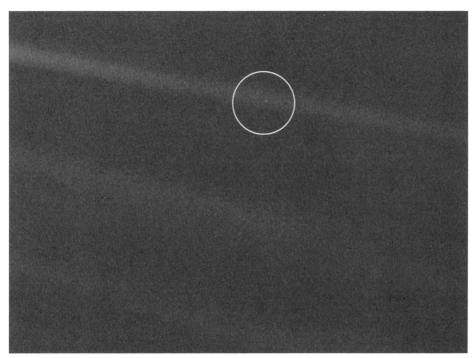

图 9-7 《暗淡蓝点》是"旅行者 1 号"拍摄的最后一张照片，图中圈起的"尘埃"就是我们的地球

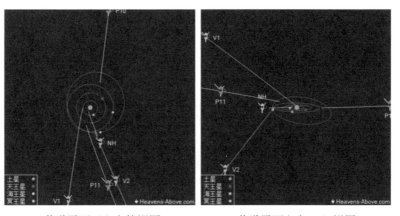

黄道平面正上方俯视图　　　　黄道平面上方 10°视图

图 9-8　目前人类发射的五颗飞离太阳系的探测器飞行轨迹和位置示意图

图 9-8 中，V1 和 V2 表示"旅行者 1 号"和"旅行者 2 号"；P10 和 P11 表示"先驱者 10 号"和"先驱者 11 号"，NH 表示"新视野号"。

金色唱片

探测器离地球越来越远，其携带的科学仪器也慢慢损坏，是不是从此以后只能漫无目的地在星空中流浪呢？并不是这样，这几个探测器还有着最后一个使命：向宇宙递送人类的"礼物"。

"先驱者 10 号"探测器和"先驱者 11 号"探测器携带着两块金属铭牌，上面刻录了有关氢原子、太阳系和地球位置、探测器轮廓和男女画像等想要让地外文明了解的信息。

为了更好地向外星文明传递我们的信息，NASA 在"旅行者号"探测器上放置了两张金色唱片。唱片有特制的镀金铝盖作为封面，可以保护唱片不受微陨石的撞击，如果不出意外的话，探测器会带着唱片在宇宙中漂流十亿年，幸运的话可以被外星生命拾到。为了帮助地外文明破译唱片的内容，铝盖上用符号和图示说明了唱片的操作方法，以及地球所在位置的详细指示（如图 9-9）。

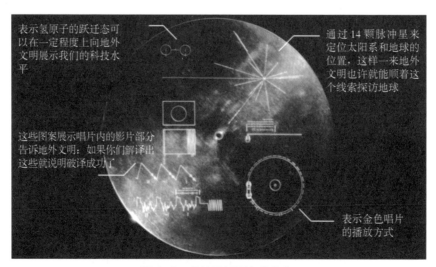

图 9-9　唱片及封面上的信息

此外镀金封套上还附上了一块高纯度的铀 238，可以通过测定它的半衰期来推算唱片被带入太空的时间。

唱片里存储了来自地球的图片和声音：55 种语言 / 方言的问候语（包括中国的普通话、粤语、闽南语、吴语）；长达 90 分钟、来自不同文化和时代的音乐样本（包括中国的《高山流水》）；地球的自然声音（海浪、雷鸣、鸟叫、鲸歌等）；115 幅图像（从世界名胜古迹到普通人的生活、工作情景都包含其中）。

正如时任美国总统吉米·卡特在唱片中所说："这是一份来自一个遥远的小小世界的礼物。上面记载着我们的声音、我们的科学、我们的影像、我们的音乐、我们的思想和感情。我们正努力延伸我们的时光，并与你们相互交融。"

"先驱者"探测器的铭牌和"旅行者"探测器的唱片就像是漂流在大海中的漂流瓶，寄托着人类希望与其他文明交流的美好愿望。

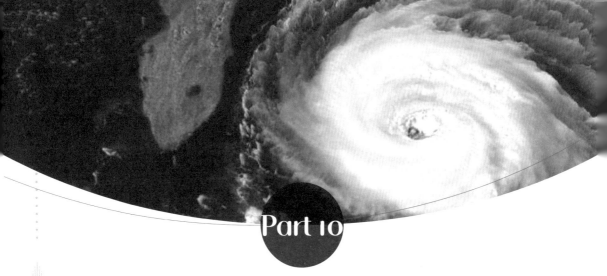

航天技术的应用

航天技术又称太空技术，是一项探索、开发和利用太空以及地球以外天体的综合性工程技术，是一个国家现代技术综合发展水平的重要标志。早期的航天技术应用于军事领域，是出于军事目的、为了进入太空并开发利用太空所发展的一门综合性工程技术。如今，航天技术中越来越多的原理、技术和产品应用于民用领域。例如民用卫星，以及我们前面提到的"阿波罗"登月计划在实施过程中产生的许多民用产品。本部分我们主要谈谈人造卫星在遥感、通信和气象方面的应用。

一、在遥感方面的应用

遥感可以简单理解为遥远的感知，泛指一切无接触的远距离探测技术。遥感是通过遥感器这类对电磁波敏感的仪器，在远离目标和不接触目标物体条件下进行探测的方法（如图10-1）。

在这个快速发展的时代，航天技术作为尖端的科技，占据着至关重要的地位。从长远的角度出发，航天技术的充分利用有利于推动一个国家的进步。今天，航天技术在遥感方面得到了较为广泛的应用。

航天摄影机是遥感领域中航天技术应用的明显体现。操作航天摄影机，能够对遥感图像进行较为全面的处理，在搜集获取数据、信息的过程中，也可以得到更加精确的结果。并且，航天摄影机能够一边搜集，一边分析各项数据，使获得分析报告的时间比较短，数据处理效率高，同时整体数据不会出现严重的偏差。其次，航天摄影机操作便捷，在面对外界变化时能及时作出反应，工作可靠性大大提高。

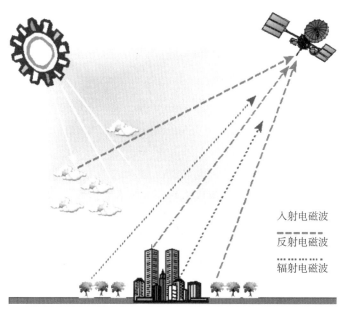

入射电磁波

反射电磁波

辐射电磁波

图 10-1 遥感原理示意图

　　另一方面，遥感操作过程中，特殊地区的工作任务难度较大，往往需要进行反复的测量与分析（如图 10-2）。当今不少建设工作不仅追求工作速度，更要求工作质量，这无疑给遥感带来巨大的挑战。而航天技术的应用能够充分弥补遥感的不足之处。例如，光电扫描仪的应用，使遥感与航天技术相互融合，能在恶劣的地理环境下开展工作，最大限度地搜集数据和资料，功能性得到进一步拓展；而且可以及时发现细小的问题。我国有不少未开发的地区，这些地区的详细资料比较少。而光电扫描仪的应用可以更好地显示这些地区的细节内容。

　　航天技术在遥感方面的应用已有一定的成就。在日后的工作中，应继续深入研究航天技术，不断提高技术应用水平。同时，充分借助航天技术，更好地优化发展遥感技

图 10-2 遥感卫星拍摄的地面池塘

术，最大限度地提高工作效率与质量，为国家的建设与发展奠定坚实的基础。

二、在通信方面的应用

1864 年麦克斯韦在其论文《电磁场的动力理论》中阐明了电磁波传播的理论基础，人们发现电流引起的电磁场变化可以起到传递信息的作用。当时的远距离通信主要依靠有线电报，没有架设通信电线的地方只能靠传统的书信。因此，不需要电缆就能传递信息的无线电波为远距离通信提供了另一个选项。然而，无线电波是沿着直线传播的，会被地球的弯曲表面遮挡，需要在地面上每隔一段距离建立一个中继站来中转传递电波。卫星的出现，为移动通信的快速发展提供了条件。

首先提出利用卫星实现全球通信的人是英国科幻小说家阿瑟·克拉克。1945 年，克拉克在其论文《地球外的中继——卫星能提供全球范围的无线电覆盖吗？》中写到，地球同步轨道卫星每秒转过的角度与地球每秒转过的角度是一致的，卫星相当于静止在地球某一点上空，信号可以覆盖地表 40% 的面积，因此，只需要 3 颗地球同步轨道卫星就能实现全球通信（如图 10-3）。

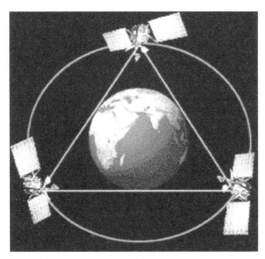

图 10-3 理论上，三颗地球同步轨道卫星就可以覆盖全球通信

时至今日，人们已经发射了 2 000 多颗通信卫星，这些通信卫星为人们提供了电话、电视、广播等通信业务。然而在光纤技术发展和海底光缆大规模铺设的今天，稳定而快速的有线通信占据了整个通信市场的大头，卫星通信只作为一种补充通信手段在一些特殊地点使用，比如船只和飞机上，以及一

些没有光缆网络覆盖的偏远地区。

三、在气象方面的应用

　　古代，人们通过长期的观察总结出一些用于预测天气的农谚，比如"有雨山戴帽，无雨山没腰""天上鱼鳞云，不雨也风颠"等。但是这些农谚也只能预测到很短时间内的天气变化，而且准确率也没有保证。如今，通过卫星携带各种气象观测仪器观测诸如温度、湿度、云和辐射等气象要素，以及各种天气现象，人类终于可以比较准确地预测天气了（如图10-4）。

　　气象卫星除具备人们熟知的天气预测的功能外，所应用的领域还有很多。如在环境和自然灾害监测方面。我国是世界上环境和自然灾害种类较多、发生频繁的国家之一，气象卫星在洪涝、森林草原火情、雪灾和海冰等监测中可发挥重要作用。在农业生产方面，利用气象卫星遥感方法可以获得客观的全国范围的干旱分布图，以便更好地指导农业生产活动，使农业生产有了保障。

图 10-4　飓风的卫星云图

另外，随着战争多元化的发展，气象卫星的应用在军事领域也具有重要的战略地位。

此外，气象卫星在全球资料应用、数据共享、国际合作等方面，也有卓越贡献。

四、在导航方面的应用

卫星导航是航天技术最大的一项应用，将卫星导航系统与电子地图相结合，可以对飞机、汽车、船舶进行精准的导航，也可以为人们其他日常出行提供导航服务。这些导航依靠的就是多颗导航卫星。这一方面，美国的 GPS 卫星导航系统就是在实际使用中非常成熟的系统。

在军事方面，卫星导航保证了导弹可以精准打击目标，为各种军事活动提供准确的指引。中国不能依靠别国的导航系统来进行自己的军事活动，为此，中国也开发了自己的导航系统——"北斗卫星导航系统"，这一系统为中国的国防提供了可靠的保障。同时，这一系统可以提供民用服务。